Schule des Staunens

Dieses Buch ist den Kindern des Kindergartens
der Odenwaldschule und den Schülern der
Grund- und Hauptschule Haueneberstein
gewidmet

Salman Ansari

# Schule
# des Staunens

Lernen und Forschen mit Kindern

**Bibliografische Information der Deutschen Nationalbibliothek**

Die Deutsche Nationalbibliothek verzeichnet diese Publikation in der Deutschen Nationalbibliografie; detaillierte bibliografische Daten sind im Internet über http://dnb.d-nb.de abrufbar.

Springer ist ein Unternehmen von Springer Science+Business Media

springer.de

© Spektrum Akademischer Verlag Heidelberg 2009
Spektrum Akademischer Verlag ist ein Imprint von Springer

09   10   11   12              13          5   4   3   2   1

Planung und Lektorat: Katharina Neuser-von Oettingen, Anja Groth
Redaktion: Regine Zimmerschied
Satz: klartext, Heidelberg
Umschlaggestaltung: wsp design Werbeagentur GmbH, Heidelberg
Titelbild: Das Titelbild zeigt eine Zeichnung von Mara Wachter, 2. Klasse
Fotos/Zeichnungen: Salman Ansari, Kinder des Kindergartens der Odenwaldschule und Lehrer und Schüler der Grund- und Hauptschule Haueneberstein

ISBN 978-3-8274- 978-3-8274-2061-9

# Vorwort

Seit kurzer Zeit haben wir wieder die Kinder als „kleine" Forscher entdeckt. Man kann gar nicht früh genug damit anfangen, unseren Nachwuchs mit den Naturwissenschaften vertraut zu machen, so lautet die Botschaft, die durch Bildungspläne und zahlreiche Experimentier-Initiativen verbreitet wird. Zweifellos sprechen viele Gründe dafür, Kindern die Naturwissenschaften zugänglich zu machen. Wir brauchen in Zukunft viele Forscherinnen und Forscher. Wir wissen, dass die Fähigkeiten von Kindern oft unterschätzt werden. Sie können sehr viel mehr, als wir glauben, und wenn wir früh eine gute Grundlage schaffen, dann unterstützen wir die viel beschworene kumulative Kompetenzentwicklung. Die Ergebnisse internationaler Vergleiche zeigen, dass wir mehr tun können und müssen, gerade auch, um alle Kinder in ihrer Entwicklung zu stützen.

Alle diese Gründe sprechen dafür, dass wir die Naturwissenschaften und Experimente schon in den Kindergarten bringen und ihnen vor allem in den naturwissenschaftsarmen Grundschulen zu ihrem Recht verhelfen. Im Augenblick scheint es so zu sein, dass an vielen Orten – endlich – etwas passiert. Aber wie geschieht es? Ich habe manchmal den Eindruck, als erlebten wir derzeit eine „Fast-Science"-Bewegung, die (auch mit ähnlichem Reklameaufwand) Experimentierpackungen wie fertige Kindermenüs in Kindergärten und Schulen bringt. Dabei scheint es egal zu sein, für wen oder für welche Altersgruppe die Menüs geeignet sind, ob sie in die Tages- oder Jahreszeit oder in eine bestimmte Einrichtung passen. Sie werden serviert und mit hohem Tempo verspeist. Dass sie verspeist werden, dient als Beleg für den Erfolg, denn systematische Evaluationen gibt es in diesem Feld bisher kaum.

Aber wie wirken sich Experimente auf die Entwicklung der Kinder aus? Wie müssen sie angelegt sein, dass wirklich etwas verstanden wird und dass Kinder forschend bei der Sache bleiben, sie mit neuen Fragen durchdringen? Was sind tatsächlich Grundlagen, auf die das weitere Lernen, auch im Alltag, aufbauen kann?

Salman Ansari sagt, es kommt auf das Denken der Kinder an. Das Denken muss überhaupt erst zugelassen, ihm muss Zeit gegeben werden. Die Beispiele und Geschichten, die er in diesem Band vorstellt, bestechen, weil sie einfach erscheinen. Aber man muss jeweils nur wenige Zeilen weiterlesen, um zu erfahren, wie tiefgründig sie sind. Sie entwickeln sich im Gespräch, in der handelnden Auseinandersetzung, und wir gewinnen einen Eindruck davon, was die Kinder verstehen und was nicht, was sie beschäftigt und was sie mitnehmen.

Zugleich erhalten wir das, was Salman Ansari im Motto dieses Bandes anspricht: einen Einblick in das Denken der Kinder. Er zeigt uns, wie er vorgeht, um Kindern Gelegenheit, Anstöße und vor allem Zeit für das Denken zu geben – für ein Denken, das ernsthaft zu einem wissenschaftlichen, forschenden Denken wird.

Der Zugang von Salman Ansari ist deshalb besonders, weil er konsequent vom Denken der Kinder ausgeht. Wer Naturwissenschaften lehren will, muss das Denken der Kinder ernst nehmen, er muss es verstehen und sich danach richten. Die Leserinnen und Leser können sich an den vielen Beispielen aber auch davon überzeugen, dass es sich hier nun nicht etwa um eine „Slow Science" handelt. Die Erkenntnisfortschritte der Kinder, die man in vielen Geschichten miterleben darf, sind riesig. Ich würde mich sehr freuen, wenn dieser besondere Zugang zu den Naturwissenschaften Schule machen würde.

Kiel, im August 2008                    Manfred Prenzel

# Inhalt

# 1

# Forscherstunden zum Entdecken und Lernen mit Kindern

## 1.1 Einführung

*Die Schulerfahrung gestaltet sich für die Kinder derzeit vor allem dadurch so unerfreulich, dass sie ständig zu Tätigkeiten gezwungen werden, bei denen sie versagen.*

*Margaret Donaldson, Children's Minds (1978)*

*Es gibt keine großen Entdeckungen und Fortschritte, solange es noch ein unglückliches Kind auf Erden gibt.*

*Albert Einstein*

Wenn wir über die Vorschulerziehung beziehungsweise das Lernen in der Grundschule sprechen, dann stellen wir uns folgende Fragen: Wie eignen sich Kinder Wissen an? Wie bilden sie ihre Vorstellungen und Erklärungen für das, was in ihrer Umgebung geschieht, aus? Was lernen sie ohne unser Zutun? Diese Fragen zielen auf die Frage nach Bildung, nach der Beziehung von Entdecken aus Neugier und Lernen am Vorbild oder Modell. Das kindliche Lernen ist unmittelbar mit der Anwendung des erworbenen Wissens verbunden. Kein Kind würde etwas lernen, wenn es das Gelernte nicht nutzbar machen könnte, um sich selbst und seine Wirklichkeit zu entdecken. Das ursprüngliche, also das vorschulische, Lernen ist auf das sinnliche Verstehen ausgerichtet, das es dem Kind ermöglicht, sich zu orientieren. Ein Lernen auf Vorrat gibt es folgerichtig nicht.

In diesem Kontext ist Bildung die Kompetenz der Anwendbarkeit des verfügbaren Wissens. Ein Wissen, das niemals mit der Wirklichkeit zu tun hat, ist nutzlos. Nutzloses Wissen beeinträchtigt unsere Sinne und unsere geistige Beweglichkeit. Wer könnte leugnen, dass er ein gehöriges Maß an nutzlosem Wissen mit sich herumträgt? Der englische Gelehrte Alfred North Whitehead bezeichnet solch ein ungenutztes Wissen, das nie gebraucht und nie verändert wird, sich also dem Hinzulernen entzieht, als „inert". Inert ist etwas, was regungslos da ist, untätig, ohne Reaktionsfähigkeit auf irgendeine Stimulanz.

Wie können wir also unsere Kinder gegen ein inertes Wissen wappnen? Jedenfalls nicht dadurch, dass wir die umstrittenen schulischen Kategorien von Bildung in die Vorschule vorverlegen. Die Vermeidung des inerten Wissens könnte jedoch gelingen, wenn es möglich wäre, die Formen des ursprünglichen Lernens in alle Bildungsinstitutionen hinüberzuretten beziehungsweise die Lernprozesse so zu organisieren, dass die Formen des ursprünglichen Lernens unverfälscht fortgesetzt werden können. Diesen Gedanken möchte ich durch ein Beispiel verdeutlichen. Stellen Sie sich vor, Sie sind im Berliner Zoo und stehen gerade vor der Plastik eines Nilpferdes.

Da Nilpferde mächtig gebaute Lebewesen sind, ist das Modell groß geraten. Und nun beobachten Sie, wie ein Kind, vielleicht acht Jahre alt, die Ohren des Tieres ergreift und sich vorsichtig vorn hochzieht, erst bis zum Kopf, und dann langsam hoch über den Nacken bis auf den Rücken des Tieres kriecht. Ein kleines

Kind, vielleicht zweieinhalb Jahre alt, hat das Kletterabenteuer gespannt beobachtet und möchte es ihm gleichtun. Der kleine Junge reckt sich hoch, um die Ohren des Tieres zu erreichen, doch gleich im nächsten Augenblick fasst ihn sein Vater an und will ihn auf den Rücken des Nilpferdes hieven. Doch der Junge schreit und will sofort losgelassen werden. Der Vater sieht die Aussichtslosigkeit seines Vorhabens ein und setzt den Jungen wieder auf dem Boden ab. Die jähe Intervention des Vaters hat den Jungen völlig aus dem Konzept gebracht. Daher weint er nun bitterlich. Die Mutter will wissen, weshalb der Junge weint. Der Vater antwortet: „Er will allet aleene machen."

Die Mutter beruhigt das Kind, und bald fasst sich der kleine Junge und unternimmt einen zweiten Versuch. Zentimeter um Zentimeter arbeitet er sich hoch, dabei sieht es oft nicht ungefährlich aus. Der Junge denkt nicht daran aufzugeben. Der Vater steht untätig weiter weg vom Kind. Er könnte sich genauso dem Nilpferd nähern und gegebenenfalls das Kind auffangen, falls es abrutschen sollte. Bald hat sich der Junge bis zum Kopf des Tieres hochgearbeitet. Just in diesem Moment schießt der Vater auf ihn zu, ergreift ihn und holt ihn mit einem gewaltigen Schwung herunter. Die Mutter meint, dass der Junge es nun doch fast schon geschafft habe. Der Vater sagt nichts und ist darüber besorgt, dass das bittere Wehklagen des Jungen die anderen Besucher des Zoos stören könnte.

Diese Episode hat für mich eine exemplarische Bedeutung, denn an ihr werden bedeutende Elemente des ursprünglichen Lernens nachvollziehbar, zum Beispiel:
- der Antrieb zur Nachahmung,
- der unaufschiebbare Drang zur Selbstständigkeit,
- die Zurückweisung von unerbetener Hilfe,
- die Bereitschaft zum Üben,
- Körpererfahrung,
- soziale Dimension der Intelligenz.

## Der Antrieb zur Nachahmung

Kinder lernen authentisch. Dies will besagen, dass sie Ereignisse in ihrer Umwelt nachzuahmen versuchen. Nachahmen setzt Beobachten und genaues Zuhören voraus und vermittelt Erfahrungen, die für das Kind Bedeutungen erzeugen. Der Spracherwerb beispielsweise wird teilweise über das Nachahmen erreicht. Für das Nachahmen braucht man jedoch Vorbilder, die in einer Umgebung agieren, in der das Kind an den Geschehnissen des Alltags selbstverständlich partizipieren kann. Für das Kind sind die Eltern und die Geschwister das Vorbild. Im Kindergarten sind es die älteren Kinder. Nachahmen ist somit ein lebendiger, konkreter Lernprozess, bei dem das Kind sich bemüht, die beobachteten Bilder nachzuzeichnen, dabei neue Erkenntnisse zu gewinnen und diese praktisch umzusetzen. Da es sich hierbei um die Ursprünglichkeit der Welterfahrung handelt, ist authentisches Lernen ein sozialer Vorgang, der ohne Bezugspersonen oder integrative Gruppen nicht stattfinden kann. Je heterogener die Gruppe ist, umso mannigfaltiger sind naturgemäß die Nachahmungsmöglichkeiten beziehungsweise der Erwerb von Kompetenzen.

## Der unaufschiebbare Drang zur Selbstständigkeit

Dass Wissen nicht übertragen werden kann, ist ein unbestreitbares Faktum. Jedes Individuum muss selbst Erfahrungen machen und diese als Grundlage für die Aneignung von Wissen verwenden; das heißt auch, dass jedes Individuum in seinem Gehirn Wissen neu erarbeiten muss. Wissenserwerb ist somit ein eigenständiger Prozess. Kinder wissen dies und handeln danach. Sobald ein Kind beispielsweise einen Löffel anfassen kann, will es nicht mehr gefüttert werden, und wenn es auch noch Messer und Gabel halten kann, will es am Tisch so wie die Erwachsenen behandelt werden. Oft geschieht dies nicht, weil die Tischdecke oder das Hemdchen des Kindes beschmutzt werden könnten.

Ich habe oft erlebt, dass Kinder dann die Nahrungsaufnahme strikt verweigern und sich durch keine Versprechen, wie etwa „Wenn du brav bist, darfst du ein Eis essen", bestechen lassen. Ähnliche Beispiele gibt es zuhauf.

## Die Zurückweisung von unerbetener Hilfeleistung

Auf der Grundlage von existierenden Erfahrungen wollen Kinder weitere Erfahrungen machen und somit ihr Wissen erweitern. Die selbstständige Anwendung von Erfahrung zwingt das Kind, entweder das bereits erworbene Wissen zu modifizieren oder neue Konzepte zu bilden. Belehrungen in diesem Kontext sind wirkungslos. Jede Belehrung, selbst wenn sie in Form von tätiger Hilfe angeboten wird, weist das Kind vehement zurück. Denn es will selbst verstehen, was eine neue Erfahrung zu bedeuten hat, und diese nicht übermittelt bekommen. So erwerben Kinder eine Vielzahl von Kompetenzen ohne Pädagogikum, so zum Beispiel Diskutieren, Erzählen, Schlussfolgern und das Entdecken von Zusammenhängen.

## Die Bereitschaft zum Üben

Kinder wissen intuitiv, dass das Lernen ein Prozess ist, der das Üben voraussetzt. Sie wissen auch, dass der Erwerb von Kompetenzen durch ständiges Wiederholen von bestimmten Operationen erreicht wird. So lernen sie sprechen, ergreifen und loslassen, laufen, klettern usw. Kinder können ein und dieselbe Geschichte oder ein Märchen immer wieder hören, bis sie die darin enthaltenen Bilder und Botschaften selbstständig begriffen haben.

## Körpererfahrung

Kinder brauchen körperliche Erfahrung, um sich in der Wirklichkeit zu orientieren, zum Beispiel:

- Durch Rennen erfahren sie die Geschwindigkeit, aber auch, dass der Körper durch eine jähe Unterbrechung der Bewegung nach vorn kippen kann.
- Durch Hüpfen und Springen merken sie, wie die Erde sie nach oben schickt.
- Durch Rennen im Kreis erfahren sie, dass der Körper nach innen gezogen wird; auf ihn wirkt also die Zentrifugal- beziehungsweise Zentripetalkraft.

## Soziale Dimension der Intelligenz

Zur evolutionären Entwicklung der menschlichen Intelligenz werden zwei Hypothesen formuliert:

1. Die kognitive Evolution ist ein Ergebnis des sozialen Wettbewerbs der Menschen untereinander.
2. Die soziale Kooperation und Interaktion sind die Triebkraft für die kognitive Entwicklung.

Wissenschaftliche Studien zeigen, dass Menschen, verglichen mit Primaten, die weitaus kooperativere Spezies sind. Die menschliche Kultur ist letztlich ein Ergebnis des sozialen differenzierten Agierens mit dem Ziel, Institutionen und Gruppen zu bilden, damit sie komplexe kulturelle und technische Systeme errichten und bewältigen können.*

Das ursprüngliche Lernen beruht ebenfalls auf Kooperation und Kommunikation, und nicht auf Wettbewerb. Die Erkenntnisse der kognitiven Wissenschaften lehren uns unter anderem Folgendes:

---

* Meltzoff, A. N. (2007). „Like me": A Foundation for Social Cognition. *Developmental Science 10*, 1, 126–134.

– Wissen wird nicht passiv erworben.
– Wissen ist ein Prozess aus Erfinden und Gestalten.
– Kinder haben ein Repertoire an Strategien, um eigene Vorstellungen zu konstruieren und somit Bedeutungen zu erzeugen, um sich die Welt anzueignen.

Diese Aussagen erinnern uns stark an die Merkmale des ursprünglichen Lernens. Wahrscheinlich werden Kinder stark verunsichert, wenn sie in die Schule kommen. Denn hier herrschen ganz andere Gesetze des Lernens. Der deutsche Pädagoge Martin Wagenschein fasst diesen Widerspruch wie folgt zusammen:

> *Hier stand ich nicht mehr vor Klassen von Schülern: ich sah mich von Kindern umgeben. Kinder sind ja etwas anderes als Schüler. Wenn sie Kinder bleiben dürfen, dann wollen sie lernen.*\*

Martin Wagenschein unterscheidet zwischen Schülern\*\* und Kindern, die auch als Schüler Kinder bleiben dürfen und daher lernen wollen. Erstaunlicherweise steht diese Feststellung von Martin Wagenschein in Übereinstimmung mit den Befunden der kognitiven Wissenschaften.

Während wir die genannten Merkmale des ursprünglichen Lernens im Kopf behalten, sehen wir uns an, wie das schulische Lernen gestaltet ist und welche Qualifikationen die Schule als erstrebenswert erachtet.

Es fällt auf, dass das Lehren prinzipiell instruktionsorientiert ist. Von Bedeutung sind dabei primär die Abspeicherung und Verarbeitung des angebotenen Wissens beziehungsweise das, was Kinder nicht wissen und was sie wissen sollten.

---

\*     Zitiert aus der Dankesrede anlässlich der Verleihung der Ehrendoktorwürde durch die Technische Hochschule Darmstadt (1978).

\*\*    Wir verwenden in diesem Buch den Plural „Schüler" aus Gründen sprachlicher Einfachheit für „Schülerinnen und Schüler". Oft werden der Singular und Namensnennungen sprachlich eingesetzt, um die Präsenz von Mädchen und Jungen gleichwohl deutlich darzustellen.

*Und nicht:* Welche Kompetenzen und welches Wissen die Kinder bereits besitzen und wie dieses Wissen stimulierend wirken könnte, um neue Erfahrungen zu machen und neue Zusammenhänge zu entdecken.

Traditionell folgt die Praxis im Schulunterricht, aber auch das allgemeine Verständnis des institutionalisierten pädagogischen Handelns immer noch dem folgenden Schema:

| **Lehrer:** | | **Schüler:** |
|---|---|---|
| Aktiver Sender von Konzepten | → | Passiver Empfänger von Konzepten |
| Vorausdenker | | Besitzt kein Vorwissen |

Die Lehrenden bestimmen, was das Kind zu lernen und zu denken hat.

Hinzu kommt, dass „die unterrichtlich vermittelten Interpretationen der Natur als die einzig richtigen gelten" (M. Wagenschein).

Die Zeichnung unten von Marie Marcks kann nicht oft genug zitiert werden.

Ich möchte in diesem Buch Eltern und Lehrern einen Einstieg in eine andere Schulpraxis vermitteln, die vor dem Hintergrund der Vielseitigkeit von Wahrnehmung und Reflexion ein gemeinsames entdeckendes Lernen und Üben integriert. Da das Lernen mit dem Handeln verwoben ist, lässt sich diese Sicht auf

die schulische Bildung mit den Worten von Alfred North Whitehead treffend umschreiben:

> *Es ist strittig, ob die Hand des Menschen sein Gehirn schuf oder sein Gehirn die Hand. Auf jeden Fall ist die Beziehung eine enge und wechselseitige.* *

In der Tat ist das schulische Lernen vornehmlich kognitiv ausgerichtet. Diese Beschränkung betrachtet letzten Endes Kinder als körperlos. Gewiss, Sportunterricht gehört zum Curriculum, doch werden im Allgemeinen die Elemente des Tanzes, des Balletts und andere Möglichkeiten der Entdeckung der Schönheit der körperlichen Bewegung nicht als Lernziele angestrebt. Auch die handwerkliche Komponente des Erwerbs von Wissen spielt meist eine untergeordnete Rolle.

Es ist daher nicht verwunderlich, dass viele Kinder diesen dramatischen Wechsel von Lernarten – also von Formen des kindlichen Lernens zu den Formen des schulischen Lernens – nicht verkraften und sich entmutigt fühlen,

- sich aktiv mit Konzepten auseinanderzusetzen, ohne in eine wettbewerbsartige Situation zu geraten,
- ihre eigenen Vorstellungen zu konstruieren,
- ihre eigenen Fragen zu beantworten, statt Antworten auf Fragen zu erhalten, die sie nie gestellt haben.

Die räumliche Begrenztheit, der Mangel an materieller Ausstattung und fachlichen Ressourcen in vielen Schulen erschweren die Realisierung von Aktivitäten, die von Elementen des Balletts oder Tanzes oder der handwerklichen Ausbildung geprägt sind. Dennoch kann man den Entdeckungsgeist und den Erfahrungsalltag der Kinder ins Zentrum des Lernens stellen. Dies zeigen wir anhand der ausführlichen Berichte aus den Unterrichtssituationen in der Grundschule und im Kindergarten. Wir haben uns bei der Berichterstattung bemüht, möglichst umfangreich

---

\* Zitiert aus Technical Education and Its Relation to Science and Literature. *The Aims of Education.* London: Williams & Norgate, 1932.

und authentisch die Wege des Lehrens und Lernens nachzuzeichnen, damit sie für Eltern, aber auch für interessierte Menschen, die nicht in pädagogischen Einrichtungen arbeiten, nachvollziehbar werden. Wir hoffen, dass dieses Buch Impulse und
Ansätze für die Pädagogik in Grundschule und Kindergarten lie-
fern wird. Darüber hinaus ist es ein Anliegen dieses Buches, für
ein kooperatives Lernen mit den Kindern in Elternhaus und
Schule zu werben.

# 2
# Wie machen Kinder Bekanntschaft mit der Welt?

## 2.1 Ein Blick auf kindliche Konzepte und Intuitionen

*Während nämlich der Geist des Kindes noch ganz arm an Anschauungen ist, prägt man ihm Begriffe und Urteile ein … Statt Dessen also sollte in der Kindheit, der naturgemäße Gang der Erkenntnißbildung beibehalten werden, kein Begriff müsste anders, als mittelst der Anschauung eingeführt, wenigstens nicht ohne sie beglaubigt werden. Das Kind würde dann wenige, aber gründliche und richtige Begriffe erhalten. Es würde lernen, die Dinge mit seinem eigenen Maßstabe zu messen, statt mit einem fremden.*

Arthur Schopenhauer (1788–1860)

Wie können wir die Formen des vorschulischen Lernens im Kindergarten und in allen anderen Schulformen fortsetzen?

Wir möchten, dass Kinder mithilfe von vertrauten Bildern und Phänomenen Bekanntschaft mit komplexeren Zusammenhängen machen und dabei ihre Fähigkeit, Verknüpfungen herzustellen, entfalten können. Mit dem Prädikat „Verknüpfung" meinen wir die Fähigkeit der Vernetzung von vorhandenem Wissen und Erfahrung, um neue Erkenntnisse zu gewinnen. Wir wollen diese archaische Fähigkeit der Menschen, Verknüpfungen von erlebten Ereignissen herzustellen, als ein Ergebnis der Erweiterung und Vertiefung von Erfahrung und Lernen bezeichnen. Denn das menschliche Denken selbst ist ein Ergebnis der Lernprozesse solcher Verknüpfungen, deren Aussagen von Generation zu Generation weitergegeben und weiterentwickelt werden und zu verschiedenen Begriffen geführt haben. Die Begriffe gewinnen nur dann eine Bedeutung, wenn wir die Möglichkeit erhalten, Wege kennen zu lernen, die zu ihrer Bildung geführt haben. Bei dem Vorgang des Erwerbs von Wissen wollen wir als Lehrende das Bildhaft-Anschauliche, das Sinnlich-Emotionale ins Zentrum unseres Handelns stellen. Wir wollen für Kinder Anlässe schaffen, die sie ermuntern, Neugier zu entfalten, Freude am Erfinden und Entdecken zu erfahren und am eigenen Handeln zu erkennen, dass zum Gelingen das Fehlermachen und Durchhaltevermögen unverzichtbar sind. Deshalb ist es notwendig, umzudenken und von der Vorstellung wegzukommen, dass Kinder sich nach dem Unterricht richten müssen. Genau umgekehrt muss die Wirklichkeit eines guten Unterrichts sein.

Wie leicht dies gelingen kann und wie Kinder selbstständig Begriffe deuten und bilden können, zeigt folgendes Beispiel aus der Grund- und Hauptschule Haueneberstein, die ihren Unterricht so umgestaltet hat, dass die Lehrer nicht mehr als Überträger von Informationen agieren:

Die Kinder rätseln, womit man Tiere vergleichen könnte: mit Menschen, bestimmte Tiere mit anderen? Schließlich kommt von einem Drittklässler: mit Pflanzen, weil das doch auch Lebewesen sind. An der Stellwand entsteht die endgültige Überschrift:

**Unterschiede und Gemeinsamkeiten zwischen Tieren und Pflanzen**

In den Gruppen wird überlegt. Es dauert eine Weile, bevor die Ersten sich trauen, etwas auf die Zettel zu schreiben. Die Ergebnisse werden von den Gruppen vorgetragen, diskutiert, bei Doppelnennung wird die beste Formulierung ausgewählt und an die Stellwand gepinnt*:

---

\* Die zitierten Aussagen der Kinder wurden in diesem Buch mit korrigierter Rechtschreibung und Grammatik wiedergegeben.

- Tiere können sich bewegen, Pflanzen nur ganz wenig und ganz langsam.
- Tiere können laufen, fliegen oder kriechen oder schwimmen.
- Tiere können riechen und hören.
- Tiere können fühlen.
- Pflanzen und Tiere brauchen Wasser und Luft.
- Pflanzen und Tiere brauchen Sauerstoff.
- Pflanzen und Tiere brauchen Nahrung, aber nicht beide die gleiche.
- Pflanzen und Tiere vermehren sich.
- Pflanzen und Tiere brauchen Wasser, Sonne, Erde.
- Pflanzen und Tiere wachsen.
- Pflanzen und Tiere leben.
- Pflanzen haben Blätter.
- Pflanzen haben Wurzeln, durch die sie ihre Nahrung aufnehmen.

Insbesondere zwei Fünftklässler haben sich weitere Gedanken gemacht. Daraus entsteht erneutes Nachdenken. Einige neue Aspekte kommen hinzu:

- Tiere fressen Tiere und Pflanzen. Pflanzen brauchen nur Wasser, Sonne, Luft, Erde und Dünger.
- Viele Pflanzen werden älter als Tiere. (Damit sind die Bäume gemeint.)
- Tiere und Pflanzen brauchen sich gegenseitig.
- Aber die Pflanzen brauchen nicht unbedingt die Tiere, weil die Tiere die Pflanzen fressen, aber nicht die Pflanzen die Tiere. (Ausnahme: die fleischfressenden Pflanzen.)
- Aber die Pflanzen machen für die Tiere die Luft sauber, und die Pflanzen brauchen die Atemluft der Tiere.
- Pflanzen und Tiere leben beide und beide sterben.

An diesem Beispiel wird deutlich, dass Kinder intuitiv ihr Vorwissen nutzen, um zu „klassifizieren", zu „analysieren", zu „kategorisieren" und zu „reflektieren". Dies sind Kompetenzen, die für ein wissenschaftliches Arbeiten unverzichtbar sind.

## 2.2 Zusammenfassung

- Der Erwerb von Wissen ist kein spontaner Vorgang, sondern entfaltet sich stufenweise, ist also in einen Entwicklungsprozess integriert.
- Wissensbildung basiert auf einem Zusammenspiel zwischen dem, was man bereits weiß, und dem, was man neu lernen will.
- Was man bereits weiß, wird erst dadurch sichtbar, dass man die Gelegenheit bekommt, seine Vorstellungen über Naturphänomene zu artikulieren und mit anderen auszutauschen. Hierbei erkennt man, was man wirklich versteht, welche Zusammenhänge einem rätselhaft erscheinen und was man noch lernen muss.
- Denkstrukturen (Grundbegriffe und Verfahrensweisen) einer Wissenschaft können an einzelnen exemplarischen Punkten der Wirklichkeit vertieft werden.

– Das Verstehen einzelner Aspekte der Wirklichkeit kann nur durch eine wissenschaftliche Durchdringung einer Fragestellung erreicht werden.
– Bereits in frühem Alter sind die Fähigkeiten der Hypothesenbildung, der Deduktion, vorhanden.
– Die Begegnung mit naturwissenschaftlichen Konzepten und Methoden setzt Fähigkeiten frei, die einem helfen, Hypothesen zu bilden und sie zu überprüfen, über Probleme zu reflektieren, gezielt nach den Möglichkeiten ihrer Überwindung zu suchen. Darüber hinaus wird die Notwendigkeit der Formulierung von Modellen nachvollziehbar, damit mikroskopische Vorgänge, die sich der sinnlichen Erfahrung entziehen, gedeutet werden können.

# 3
# Was heißt entdeckendes Lernen?

*Wir müssen verstehen lehren. Das heißt nicht: es den Kindern nachweisen, sodass sie es zugeben müssen, ob sie es nun glauben oder nicht. Es heißt: sie einsehen lassen, wie die Menschheit auf den Gedanken kommen konnte (und kann), so etwas nachzuweisen, weil die Natur es ihr anbot (und weiter anbietet). Und wie es dann gelang und je neu gelingt.*

*Martin Wagenschein*

Das Wort „entdecken" könnte folgende Bedeutungen enthalten: herausfinden, aufspüren, ermitteln, herausbekommen usw. Wir können allerdings nur dann etwas herausfinden, aufspüren usw., wenn es uns gelingt, auf der Grundlage unseres vorhandenen Wissens und unserer Erfahrung eine Sache gezielt zu erforschen. Eine Sache gezielt aufzuspüren, werden wir nur dann bereit sein, wenn sie uns bedrängt oder wenn uns ein Ereignis, das in einem von uns nachvollziehbaren Kontext steht, rätselhaft erscheint und zu Fragen anregt. Jedenfalls werden wir nicht als Forschender agieren können, wenn uns die Fragestellung künstlich aufgedrängt oder uns in einer Art und Weise präsentiert wird, die sich unseren Erfahrungsmöglichkeiten, unseren Interpretationsmöglichkeiten entzieht.

## 3.1 Wozu Experimente?

In der Schule werden häufig Experimente gezeigt, die mit bestimmten Themen einhergehen. Zum Beispiel lernen die Kinder bereits in der Grundschule etwas über die Zusammensetzung der Luft. Sie lernen, dass die Luft aus verschiedenen Gasen besteht und davon der Sauerstoffgehalt einen bestimmten Prozentsatz ausmacht. Sie schauen einigen aufregenden Experimenten zu und schreiben die Merksätze auf. Doch die zentrale Frage ist, ob sie als Lernende in einer alltäglichen Situation jemals auf die Frage gestoßen wären, ob die Luft ein Gemisch von verschiedenen Gasen sein könnte. Es sind Hunderte von Jahren vergangen, bis sich die Wissenschaftler diese Frage gestellt haben. Daher ist es nicht wahrscheinlich, dass Kinder in der Grundschule und in weiterführenden Schulen aufgrund eines Erlebnisses oder Phänomens wirklich einmal auf die Idee kommen könnten, die Frage nach der Zusammensetzung der Luft zu stellen. Sie lernen dies sozusagen völlig übermittelt. Aber selbst dann können sie damit kaum eine weitere Erfahrung selbstständig machen. Dieses Wissen erstarrt dann zum inerten Wissen und kann selbst bei Bedarf nicht aktiviert werden, um Geschehnisse in unserer Wirklichkeit zu deuten. Solch ein Wissen können sie folgerichtig auch nicht benutzen, um Verknüpfungen herzustellen.

Während meiner Tätigkeit als Lehrer habe ich unzähligen Schülern der achten Jahrgangsstufe, die Versuche über die Zusammensetzung der Luft hinter sich gebracht hatten, folgenden Zeitungsbericht vorgelesen:

*Tödlicher Grillabend*
*ap Frankfurt. Auf tragische Weise ist eine 39-jährige Frau, Mutter von drei Kindern, nach einem Grillabend am Wochenende in Hattersheim ums Leben gekommen. Nach den Ermittlungen der Polizei hatte die Frau mit ihrem 37 Jahre alten Ehemann nach dem Grillen auf dem Balkon den Grillofen mit Restglut in das Wohnzimmer gestellt, möglicherweise, um die Glut zum Aufwärmen des Raumes zu nutzen, denn die Fenster waren geschlossen.*

Ganz selten konnte sich ein Schüler anhand dieser Geschichte an das Experiment mit der ausgehenden Kerze erinnern beziehungsweise den Ablauf der Geschehnisse im Kontext von Sauerstoffgehalt interpretieren. Liest man die gleiche Zeitungsmeldung Kindern der vierten oder fünften Klasse vor, dann stellen sie in kurzer Zeit Theorien und Hypothesen auf. Sie formulieren Begriffe wie zum Beispiel schlechte Luft, verbrauchte Luft und Sauerstoffmangel. Und wenn wir weiter fragen, was eigentlich „verbrauchte Luft" ist, dann kann man aus ihren Antworten deutlich erkennen, dass sie mit diesem Begriff keineswegs die Abwesenheit von Luft meinen. Die Beschäftigung mit dem Zeitungsbericht hilft den Kindern offensichtlich erheblich besser als all die anderen Nachweisexperimente zu vermuten, dass in der Luft etwas anderes als nur der Sauerstoff enthalten ist.

Seit der jüngsten PISA-Studie ist jedoch ein blühender Markt mit ungewöhnlichen Angeboten für zusätzliche Aktivitäten für Schulen und Kindergärten entstanden, dessen positive Wirkung auf die kognitive und emotionale Entwicklung der Kinder angezweifelt werden muss. Da gibt es mobile Labors, die zu den Schulen fahren und den Kindern die Möglichkeit anbieten, spektakuläre Experimente durchzuführen. Danach fahren sie wieder weg, und die Kinder müssen in die Normalität ihrer Schule zurückkehren; jedenfalls können die Schulen mit dem Hokuspokus von derartigen Labors unmöglich konkurrieren. Von Stiftungen werden Forscherferien finanziert und diverse Unterrichtsmaterialien angeboten, quasi nach der Devise: Wenn schon die Schulen nichts taugen, dann kann man wenigstens außerschulische Nachhilfen geben und sich nebenbei als Wohltäter hervortun. Zur Schule gibt es allerdings keine Alternative; sie bleibt die wichtigste und maßgebliche Lernumgebung für die Kinder, und das ist auch gut so.

In den pädagogischen Zeitschriften werden zu verschiedenen Themen Experimente angeboten. Bereits die Kindergartenkinder sollen zum Beispiel die Eigenschaften von Luft untersuchen oder den pH-Wert von diversen Flüssigkeiten bestimmen. Die Ausgestaltung all dieser Vorschläge berücksichtigt zu wenig die

Wahrnehmungsmöglichkeiten der Kinder. Gewiss, Versuchsan-
leitungen sind wichtig, doch davon gibt es seit Langem unzählige, und dennoch sind sie typisch dafür, dass es dabei nicht primär darum geht, wie Kinder denken. Im Folgenden einige
Beispiele:

– In der Zeitschrift *Weltwissen*, Westermann Verlag, Heft
  1/2006, wird ein bekanntes Experiment für Kindergartenkinder beschrieben. Eine Flasche, versehen mit einem Luftballon, wird erhitzt, der Luftballon bläht sich auf. Erklärung:
  Warme Luft steigt nach oben beziehungsweise dehnt sich
  aus. Wenn man nun die Kinder das Experiment interpretieren lässt, dann sagen sie fast immer, dass die warme Luft sich
  nun im Luftballon befindet, das heißt, die Luft, die in der
  Flasche war, ist nun in den Luftballon („warme Luft geht
  nach oben") übergegangen. Dies ist natürlich nicht richtig.
  Bekommen die Kinder jedoch keine Möglichkeit, eigene
  Ideen zu artikulieren, übernehmen sie die Merksätze der
  Lehrenden, ohne die Phänomene wirklich zu verstehen.
  Hinzu kommt, dass diese Vorstellungen manifester sind,
  wenn Kinder keine Möglichkeit erhalten, sie selbstständig zu
  korrigieren.

– Man will den Kindern zeigen, dass der Sauerstoff für die Verbrennung verantwortlich ist. Hierzu lässt man eine Kerze
  unter einem Glaszylinder brennen, bis sie ausgeht. Noch nie
  ist mir ein Kind begegnet, das diesen Zusammenhang verstanden hätte. Alle Kinder finden es faszinierend, dass die
  Kerze ausgeht. Man macht nun dasselbe Experiment etwas
  systematischer und lässt gleich große Kerzen unter Zylindern
  mit unterschiedlicher Größe brennen, bis sie ausgehen. Wenn
  man nun als Vergleich die Dauer der Verbrennung und das
  Luftvolumen im Zylinder miteinander korreliert, erhält man
  nie wiederholbare Ergebnisse. Selbst wenn man zuverlässige
  Ergebnisse erhielte, würden die Kinder die Aussage des Experiments nicht verstehen können, weil diese Fragestellung
  nicht in irgendeinem Kontext zu ihren Erfahrungsmöglichkeiten steht.

– In der Grundschule sollen die Kinder den prozentualen Gehalt des Sauerstoffs auch mit der Hilfe des folgenden Experiments kennen lernen. Das Experiment wird wie im Bild dargestellt aufgebaut.

## Experiment mit Kerze und Zylinder

In eine Wasserwanne wird eine Kerze gestellt und angezündet, ein Zylinder mit Luft wird darübergestülpt. Unter dem Zylinder befinden sich nun die brennende Kerze und ein bestimmtes Volumen von Wasser.

Den Schülern wird erklärt, dass beim Verbrennen der Kerze der Sauerstoff verbraucht wird, wodurch der Druck über dem Wasser abnimmt und infolgedessen der Wasserspiegel so weit aufsteigt, bis das Sauerstoffvolumen verbraucht ist. Abgesehen davon, dass die Kinder diesen komplizierten Zusammenhang zwischen atmosphärischem Druck und Wasserspiegel im Zylinder gar nicht nachvollziehen können, beobachtet man bei diesem Versuch eine ganze Reihe von Phänomenen, die unterschlagen werden. Denn die Lehrenden haben bereits eine Botschaft in ihrem Kopf vorformuliert, und es geht gar nicht darum, die Aufmerksamkeit der Kinder auf andere Phänomene, die während dieses Experiments sichtbar sind, zu lenken: Während nämlich die Kerze brennt, steigt der Wasserspiegel *nicht* kontinuierlich. Dies wäre ja die Konsequenz des kontinuierlichen Sauerstoffverbrauchs. Nachdem die Kerze eine Zeit lang unter

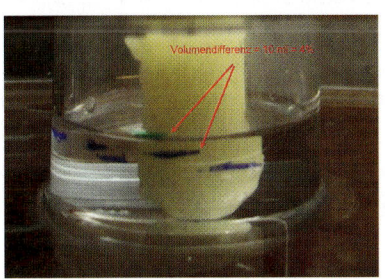

dem Zylinder gebrannt hat, kann man deutlich beobachten, wie aus dem Wasser laufend Gasbläschen entweichen und hinaus in die Luft verschwinden. Denn durch die Kerzenflamme wird die Luft im Zylinder erhitzt, dehnt sich infolgedessen aus. Der Wasserspiegel steigt auf einmal, aber dann bleibt er nicht auf einem Niveau stehen, sondern sinkt wieder als Folge des entstandenen Kohlendioxids und Wasserdampfs, die den Schwund von Sauerstoff teilweise ausgleichen. Eigentlich steckt der Versuch voller Rätsel, auf die die Kinder absichtlich nicht hingewiesen werden, obwohl sie all diese „Nebensächlichkeiten" miterleben und, wie ich wiederholt erfahren habe, auch diese faszinierend finden und eine Reihe von Hypothesen, Vermutungen und Theorien aufstellen können, um die Beobachtungen zu deuten. Naturgemäß können die Kinder nur dann in einen Denkprozess einbezogen werden, wenn der Lehrer sie dazu ermuntert und das Gefühl vermittelt, dass er ihnen zutraut, Antworten selbstständig zu finden.

Wiederholt man den Versuch, dann bekommt man bezüglich der prozentualen Zusammensetzung des Sauerstoffgehalts der Luft stets uneinheitliche Ergebnisse.

Solche Experimente findet man häufig in Schulbüchern, und sie sind auch ein integraler Bestandteil der Lehrpläne. Es ist inzwischen üblich, dass Lehrpläne und Lehrbücher zu jeder Thematik diverse Experimente vorschlagen. Man hat jedoch den Eindruck, dass es hierbei um eine Art experimentelles „Abdecken" von naturwissenschaftlichen Sachverhalten geht und weniger um die Initiierung von forschendem „Entdecken" von Zusammenhängen.

Kein Experiment ist eindimensional und für die Schüler eindeutig. Meine Erfahrung hat mich gelehrt, dass Kinder bei einem Experiment niemals daran denken, dass dieses mit realen Geschehnissen des Alltags zusammenhängen könnte, wenn sie es nicht selbst ausgedacht und entworfen haben. Allein der vorgegebene Aufbau könnte Kindern rätselhaft erscheinen. Wenn wir dennoch nicht auf Experimente verzichten wollen, und dafür sprechen viele gute Gründe, dann sollten wir uns zumindest darum bemühen, unser Vorhaben aus der Perspektive der Kinder zu betrachten. Ansonsten „lernen" die Kinder etwas, was sie gar nicht verstanden haben.

## Aufgabenstellung zum Experiment

Da das Verstehen ein selbstständiger Prozess ist, könnten wir Experimente auch gewinnbringend in den Unterricht integrieren, wenn es uns gelänge, selbst Klarheit darüber zu gewinnen, welche Phänomene bei dem jeweiligen Experiment wirksam sind. Wenn wir nun bei dem Beispiel von der brennenden Kerze bleiben wollen, dann wäre es notwendig, darüber nachzudenken, welche Vorstellungen die Kinder zum Beispiel über folgende Zusammenhänge, die ja bei diesem Experiment synchron ablaufen, bereits besitzen:

– Luftdruck,
– Verhalten des Wasserspiegels in einer Wanne bei unterschiedlichem Luftdruck (Barometer),
– Verhalten von Gasen beim Erhitzen.

Die Kinder wären dann angehalten, sich zum Beispiel vorab mit folgenden Fragestellungen zu beschäftigen:

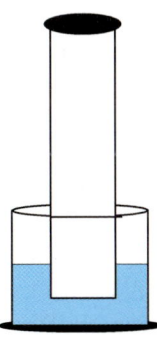 1. Das Bild zeigt ein leeres Glas in einer Wasserwanne. Das Glas ist dabei so bemessen, dass es bequem in die Wanne eintauchen beziehungsweise hineingelegt werden kann. Kannst du mithilfe einer Zeichnung einen Vorschlag machen, wie das Glas dennoch mit Wasser gefüllt werden könnte? Die Wasserwanne darf jedoch nicht von ihrem Platz bewegt werden.

Mit diesem Versuch könnten die Kinder Folgendes erfahren:
– Luft im Zylinder steht unter gleichem Druck wie die äußere Luft und verhindert, dass das Wasser aus der Wanne in den Zylinder gelangen kann.
– Man muss den Zylinder langsam schräg ins Wasser eintauchen, damit die Luft hinausblubbern kann, wobei gleichzeitig das Wasser in den Zylinder hineinläuft.
2. Wie erklärst du dir die folgenden Bilder?

Bild a                                    Bild b

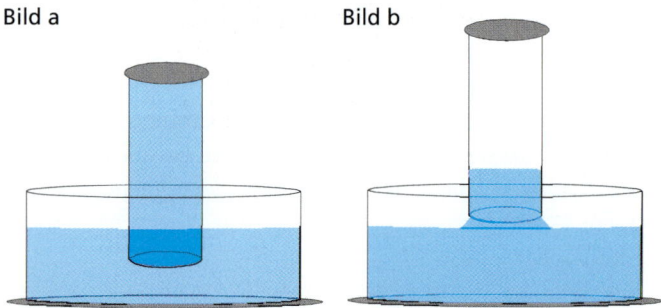

Bild a: Solange der Zylinder unterhalb des Wassers bleibt, kann das Wasser nicht rauslaufen.
Bild b: Dies ändert sich, sobald Luft in den Zylinder kommt. Sie drückt das Wasser heraus.

Möglicherweise werden die Kinder sich die Frage stellen, was denn die Wassersäule daran hindert, nicht aus dem Zylinder herauszulaufen? Man kann die Wassersäule mithilfe eines größeren Zylinders erhöhen und die Wassermenge im Becken verringern. Auch in diesem Fall würde die Wassersäule gehalten werden, solange der Zylinder unterhalb der Wasseroberfläche bleibt.
3. Folgender Versuch (Luftbarometer) könnte den Kindern ersichtlich machen, dass der Luftdruck gegen die Wassersäule im Zylinder drückt. Da der Luftdruck sich täglich ändert, ändert sich auch die Höhe der Wassersäule. Vielleicht könnten die Kinder die Höhe der Wassersäule im Zylinder mit der Größe des Luftdruckes in Verbindung bringen.

Messungen an drei aufeinanderfolgenden Tagen.

4. Zeichne, was beim Erhitzen des leeren Zylinders geschieht.

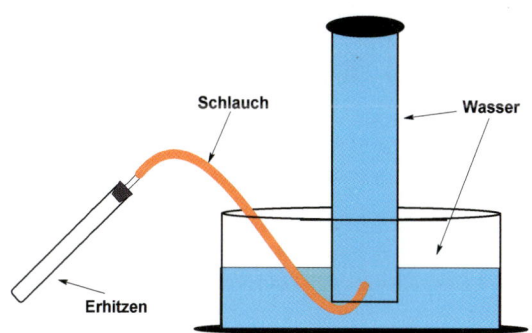

Hier können die Kinder beobachten, wie sich durch das Erhitzen die Luft ausdehnt und in den Zylinder gelangt, was zur Folge hat, dass die Luft das Wasser aus dem Zylinder in das Becken drückt.

5. Was geschieht, wenn du durch den Schlauch in den Zylinder pustest?

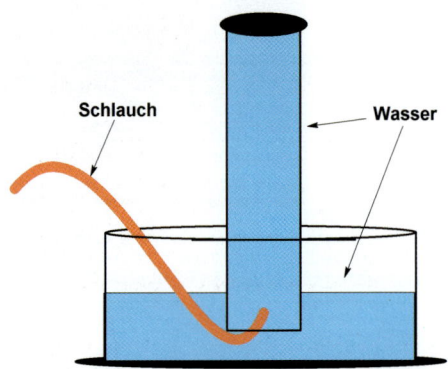

Erklärung wie oben. In diesem Fall kommt durch Pusten die Luft in den Zylinder. Aufgrund der gemachten Erfahrungen werden die Kinder in die Lage versetzt, die nachfolgenden Versuche selbstständig zu interpretieren.

6. Zeichne, was geschieht, wenn der Hahn der luftleeren Flasche langsam geöffnet wird.

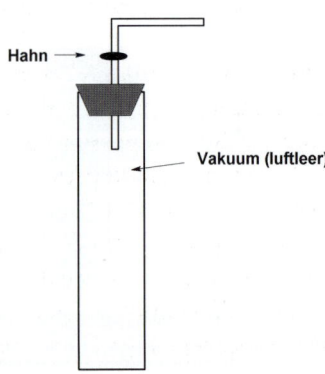

7. Zeichne, was beim Anlegen der Vakuumpumpe geschieht.

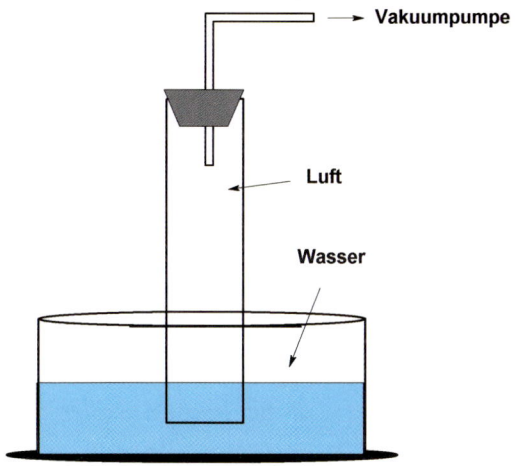

Wenn wir davon ausgehen, dass die obigen Versuche den Kindern dabei helfen könnten, wesentliche Teilaspekte des Versuchs mit der brennenden Kerze zu veranschaulichen, dann sollten wir vielleicht zusammen mit den Kindern über Verbesserungsmöglichkeiten nachdenken, um zuverlässige Ergebnisse zu bekommen. In diesem Fall könnten wir dann auch von einem forschenden Unterricht sprechen.

Dass Kinder gerne experimentieren, besagt zunächst nur, dass sie in diesem Alter bereit sind, alles begeistert mitzumachen. Auch jeden Unsinn. Gerne etwas zu tun oder begeistert von etwas zu sein, ist jedoch im Kontext des Erwerbs von übertragbaren Kompetenzen ein untaugliches Kriterium.

Daher sollten wir die Reduktion und die Manipulationen der Wirklichkeit, die einem Laborexperiment inhärent sind, nicht in den Mittelpunkt stellen. Auf Experimente greifen wir als Hilfsmittel zurück, wenn wir sie zur Sichtbarmachung eines Aspekts einer Forschungsaufgabe als wichtig erachten. Dann sollten aber auch die Rahmenbedingungen des Experiments mit den Erfahrungsmöglichkeiten der Kinder vereinbar sein. In diesem Zusammenhang müssen wir, also die Lehrenden, uns immer wieder vergegenwärtigen, dass unsere Sicht auf die Phänomene der Natur im historischen Kontext immer wieder korrigiert und neu interpretiert worden ist. Wie unsere Interpretationen der Wirklichkeit sich verändern, zeigt folgendes Beispiel:

Das Postulat von Aristoteles (384 v. Chr.), dass die Nahrung der Pflanze die Erde sei, blieb bis zum 17. Jahrhundert eine akzeptierte Tatsache. Aristoteles und seinen Zeitgenossen waren die Erscheinungen wichtiger als ihr Verhalten. Es entsprach auch dem damaligen Selbstverständnis, dass es keine Wechselwirkung zwischen Ursache und Wirkung gab, sondern vielmehr Geschichte, die geschehen war. Daher wurde auch die Erklärung akzeptiert, dass aus dem Urnebel Gesteine kondensiert worden seien. Auch dies hätte man mit einem einfachen Experiment überprüfen können.

Die These von Aristoteles wurde durch ein Experiment von Johan Baptista van Helmont (1580–1644) erschüttert. Er pflanzte einen winzigen Zweig von einer Weide in eine genau gewogene Menge Erde, begoss die Pflanze regelmäßig, und nach Ablauf von fünf Jahren trennte er die Pflanze säuberlich von der Erde, trocknete die Erde, wog sie und die darin eingepflanzte Weide und kam zu der Schlussfolgerung, dass das Gewicht der Pflanze nur von dem Wasser herrühre. Allerdings hatte er während dieser fünf Jahre die benutzte Wassermenge nicht gewogen. Hätte er dies getan, wäre er vermutlich nicht zu dem Schluss gekommen, dass das Wasser die Nahrung der Bäume sei.

Van Helmont ging von einer Fragestellung aus und wollte diese durch ein Experiment überprüfen, dessen Deutung naturgemäß davon abhing, was van Helmont bereits wusste. Da ihm die Zusammensetzung der Luft nicht bekannt war, konnte er sich nicht vorstellen, dass die Hauptnahrung der Pflanzen tatsächlich aus der Luft kommt (Fotosynthese). Für die richtige Interpretation eines Experiments ist es erforderlich, dass wir bereit sind, unser bereits erworbenes Wissen zu korrigieren beziehungsweise bestimmte Zusammenhänge in einem neuen Licht zu sehen.

Joseph Priestley (1733–1804) beispielsweise stellte durch Er.. zen von HgO (Quecksilberoxid) Sauerstoff her, konnte jedoch seine eigene Entdeckung nicht deuten, weil er der Phlogiston-Theorie verhaftet war. Diese Theorie, formuliert gegen Ende des 17. Jahrhunderts, besagt, dass alle brennbaren Körper einen materiellen Bestandteil, genannt Phlogiston, enthalten, der bei der Verbrennung frei wird. Joseph Priestley blieb bis an sein Lebensende von dieser Theorie überzeugt.

Erst im 19. Jahrhundert konnten die Vorgänge bei Verbrennung beziehungsweise Oxidation hinreichend zuverlässig interpretiert werden. In der Schule sind für das Verstehen der Oxidationsvorgänge lediglich zwei Unterrichtsstunden vorgesehen.

## 3.2 Zusammenfassung

- Bereits im frühen Alter sind die Fähigkeiten der Hypothesenbildung, der Deduktion, vorhanden.
- Die Begegnung mit naturwissenschaftlichen Konzepten und Methoden setzt Fähigkeiten frei, die einem helfen, Hypothesen zu bilden und sie zu überprüfen, über Probleme zu reflektieren, gezielt nach den Möglichkeiten ihrer Überwindung zu suchen. Darüber hinaus wird die Notwendigkeit der Formulierung von Modellen nachvollziehbar, damit mikroskopische Vorgänge, die sich der sinnlichen Erfahrung entziehen, gedeutet werden können.
- Vertraute Erklärungsmuster lassen sich auf der Grundlage von neuen Erfahrungen und Entdeckungen revidieren, um zu neuen Kontexten und Begriffen zu gelangen.
- Entdeckendes Lernen ist *nicht* ein Abdecken von Themen mithilfe von vorgegebenen Experimenten und deren Interpretation durch die Lehrenden.
- Entdeckendes Lernen ist *nicht* eine spielerische Beschäftigung mit Experimenten beziehungsweise Bestätigungsversuchen.
- Entdeckendes Lernen ist *nicht* experimentelle Beantwortung von Fragen, die die Lernenden *nicht* gestellt haben.

- Entdeckendes Lernen *beginnt damit*, dass sich den Lernenden ein Ereignis, eine Fragestellung als ein Problem anbietet; etwas, das Fragen stimuliert und für die Lernenden in einem ihnen bisher nicht bekannten Kontext steht beziehungsweise ihnen in Bezug auf ihr bisheriges Wissen und ihre Erfahrung als rätselhaft erscheint.
- Entdeckendes Lernen ist ein Prozess, der angetrieben wird durch eigene Interessen, Neugier, Beobachtungen und Problemlösungsstrategien.
- Beim Prozess des entdeckenden Lernens entstehen neue Fragestellungen und Betrachtungsweisen der Phänomene, die die Bewusstwerdung der Zusammenhänge vorantreiben und somit ein neues Potenzial für Problemlösungsstrategien freisetzen.
- Entdeckendes Lernen fördert das Denken auf einer höheren kognitiven Ebene und die Fähigkeit zur Abstraktion.
- Im Prozess des entdeckenden Lernens erwirbt man sich Kompetenzen der Kommunikation mit anderen, der Interpretation von Beobachtungen und die Fähigkeit, Feststellungen und Betrachtungen anderer zu verstehen.
- Entdeckendes Lernen hilft dabei, neue Konzepte zu entwickeln und diese zur Lösung von neuen Aufgaben anzuwenden.

# 4

# Der Übergang vom Konkreten zum Abstrakten und die naiven Vorstellungen

*Überhaupt sollten Kinder das Leben, in jeder Hinsicht, nicht früher aus der Kopie kennen lernen, als aus dem Original ... Vor allem sei man darauf bedacht, sie zu einer reinen Auffassung der Wirklichkeit anzuleiten und sie dahin zu bringen, dass sie ihre Begriffe stets unmittelbar aus der wirklichen Welt schöpfen und sie nach der Wirklichkeit bilden, nicht aber sie anderswo herholen ...*

*Arthur Schopenhauer*

## 4.1 Naturphänomene richtig deuten

Es gibt Vorstellungen, die den Zugang zur Wahrheit erschweren. Wir erinnern uns, wie die Phlogiston-Theorie Priestley daran hinderte, seine eigene Entdeckung richtig zu interpretieren.

Die Schwierigkeit, Naturphänomene richtig zu deuten, besteht darin, dass sie sich der unmittelbaren Anschauung entziehen. Die wissenschaftlichen Interpretationen der Naturphänomene stimmen sehr oft nicht mit den Erfahrungen überein, die wir in der sinnlich wahrnehmbaren Wirklichkeit machen. Bestimmte Alltagserfahrungen unterstützen sogar das Fortbestehen von naiven Vorstellungen. So wissen wir zum Beispiel durch Filmaufnahmen aus dem All, wie die Gestalt der Erde wirklich aussieht. Andererseits wissen wir aber auch, dass wir nur auf einer festen und ebenen Grundlage stabil stehen können. Diese Erfahrung erweist sich als hinderlich, die runde Geometrie der

Erde wirklich auch emotional zu verinnerlichen. Hier gibt es also zwei Erfahrungen, die miteinander nicht vereinbar sind. Ähnliches gilt, wenn wir von der aufgehenden und untergehenden Sonne sprechen. Auch für die zahlreichen Verbrennungsprozesse trifft dies zu. Unsere Alltagserfahrung legt uns nahe, dass bei allen Verbrennungen, bei der Vergärung, bei diversen Zerfallsvorgängen und Fäulnisprozessen die Masse verschwindet. Anderseits lehrt uns die Wissenschaft, dass genau das Gegenteil die Folge von Verbrennungen ist: Nicht nur die Anzahl von Teilchen, sondern auch die Masse der entschwundenen Materie nimmt unweigerlich zu.

Es fällt schwer sich vorzustellen, dass die Biomasse in einen Kreislaufprozess integriert ist. Wenn wir darüber nachdenken, was mit den Herbstblättern geschieht, stellen wir uns die Bildung von Humus als die Endstufe eines Fäulnisvorgangs vor. Im Allgemeinen glaubt man, dass neue Erde zu der bereits vorhandenen hinzukommt. Die schulischen Kenntnisse über den Satz von der Erhaltung der Masse erschüttern keineswegs diese Überzeugung.

Jugendliche und auch viele Erwachsene können sich nicht vorstellen, dass die gesamte getankte Benzinmasse tatsächlich vollständig umgewandelt wird. Für die Luftverschmutzung machen sie diverse „Abgase" verantwortlich, die beim Autofahren zwangsläufig frei werden. In all diesen Fällen sind Alltagserfahrungen nicht vereinbar mit dem Wissen, das wir vermittelt bekommen.

Die Verkohlungsphänomene verschiedener Stoffe verleiten uns nicht spontan zu der Vermutung, dass die Bausteine der Biomasse Kohlenstoff enthalten könnten. Ähnliche Beispiele gibt es zuhauf. Das Problematische ist, dass die Missverständnisse über Naturphänomene bestehen bleiben, wenn Menschen im Rahmen der Schule nicht die Möglichkeit bekommen, diese selbstständig zu korrigieren. Dass dies tatsächlich zutrifft, haben wir wiederholt erfahren.

Die vielfach unzutreffenden Antworten legen die Ansicht nahe, dass im Kontext der wissenschaftlichen Kategorien unsere

Vorstellungen über die Natur häufig eine naive Dimension besitzen, die sich oft resistenter erweist als das, was wir in der Schule lernen. Martin Wagenschein spricht in diesem Zusammenhang von „vorwissenschaftlichen" Vorstellungen.

Ein wesentliches Anliegen der Prozesse des Lehrens und Lernens sollte daher sein, dass die Kinder Gelegenheit bekommen, ihre naiven Vorstellungen über Naturphänomene selbstständig zu korrigieren. Dies kann nicht dadurch erreicht werden, dass man die Lernenden mit Experimenten konfrontiert, die insofern den Charakter von „Überrumpelung" besitzen, da sie lediglich darauf zielen, die Idee und Gedankengänge der Lehrenden auf die Kinder zu übertragen. Wissen lässt sich jedoch nicht übertragen. Daher behalten die Kinder ihre naiven Vorstellungen unverändert bei. Dies gilt aber auch für eine Mehrzahl von Erwachsenen. Folgende Beispiele mögen diesen Aspekt näher erläutern.

## Beispiel 1: Schülervorstellungen über die Gestalt der Erde

Das erste Bild ist die wissenschaftliche Darstellung der Weltkugel. Die darauffolgenden Bilder geben die mentalen Repräsentationen der Weltkugel wieder, wie Kinder sie sich vorstellen. Um das Dilemma Wirklichkeitserfahrung und Erklärung der Erwachsenen miteinander zu verbinden, versuchen die Kinder unterschiedliche Lösungswege zu finden. Es handelt sich dabei um Kinder zwischen sechs und elf Jahren.

Die Kinder hören von den Erwachsenen, dass die Erde rund ist, sie sehen im Fernsehen den Erdball, dennoch stehen diese Erfahrungsmöglichkeiten im Gegensatz zu ihrer Wahrnehmung. Die Alltagserfahrung sagt ihnen, dass die Erde platt ist. Selbst wenn man sich die Welt als kugelförmig vorstellt (Erdball!), dann bleibt die Auffassung dennoch bestehen, dass die Erde sich wie ein Ball bewegt. Daher fällt es Kindern, aber auch Erwachsenen schwer, sich vorzustellen, dass Menschen, die sich seitlich

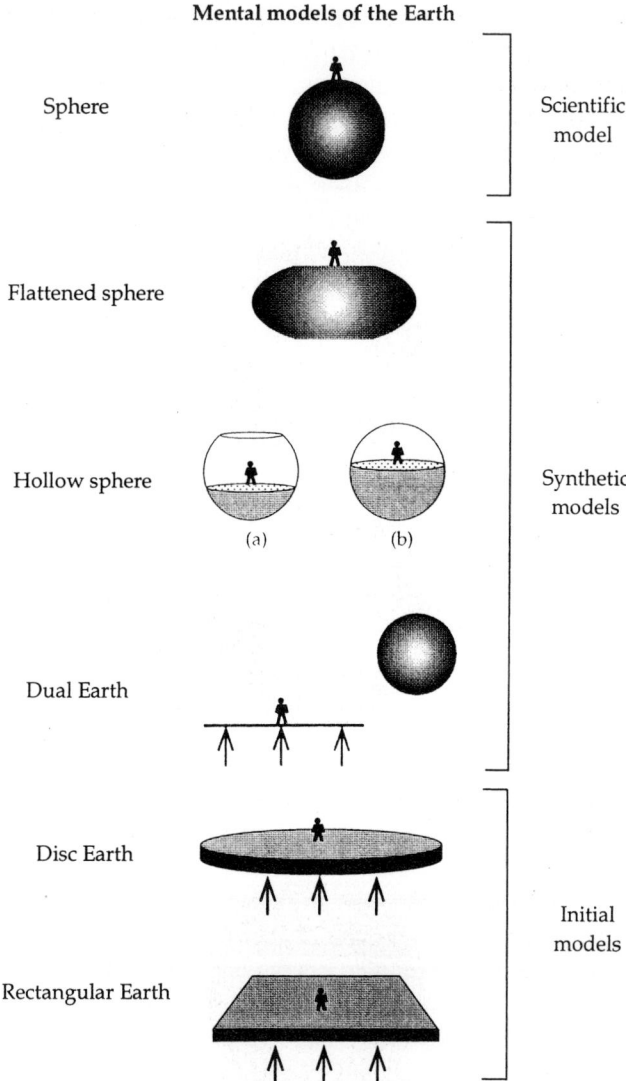

**Mental models of the Earth**

Sphere — Scientific model

Flattened sphere

Hollow sphere
(a)    (b)

Dual Earth — Synthetic models

Disc Earth

Rectangular Earth — Initial models

Zitiert aus: Härnqvist, K. & Burgen, A. (Hrsg.) (1997). *Growing up with Science. Developing Early Understanding of Science*. London: Jessica Kingsley/ Academia Europaea, S. 46.

und unten auf der Kugel befinden, nicht herunterfallen. Es leuchtet ein, weshalb die folgenden Fragen häufig nicht korrekt beantwortet werden:

Bei den folgenden Bildern wird gefragt, ob das Wasser stets im Glas bleibt und was passiert, sobald die Erde sich dreht.

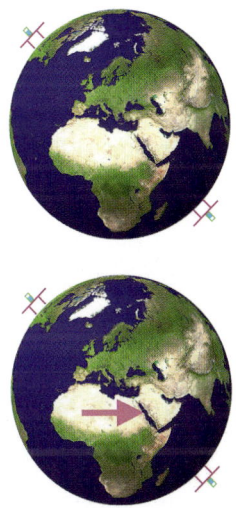

Bei diesem Bild wird gefragt, in welche Richtung es regnen könnte.[*]

---

[*] Siehe auch Nussbaum, J. (1979). Children's Conception of the Earth as a Cosmic Body: A Cross-Age Study. *Science Education 63*, 1, 83–95.

## Beispiel 2: Das Phänomen des Sehens

Die Bilder in diesem Beispiel geben Kindervorstellungen vom Phänomen des Sehens beziehungsweise des Wechselspiels zwischen Licht, Auge und Gegenständen wider.*

Das folgende Bild zeigt, wie Kinder Schatten zeichnen.

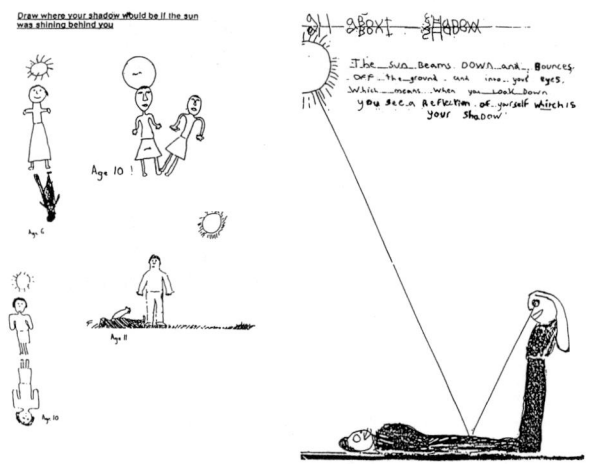

Das Bild rechts oben zeigt die Vorstellung von Kindern, wie das Licht von einem Spiegel reflektiert wird.

Die Tatsache, dass wir Gegenstände nur dann sehen können, wenn Licht auf sie fällt und dann in unser Auge reflektiert wird, ist offensichtlich ein schwieriger Zusammenhang. Auch Erwachsene haben damit ihre Schwierigkeiten. Was sie in der Schule über Optik gelernt haben, können viele Menschen nicht anwenden, um Lichtphänomene zu deuten – trotz der alltäglichen Erfahrung, dass wir Objekte weder im Dunkeln noch hinter einem Hindernis sehen können. Bastelt man jedoch zusammen mit den Kindern einen Kasten, wie in der Abbildung rechts unten dargestellt, und diskutiert mit ihnen darüber, in

---

* Osborne, J. F.; Black, P. J.; Meadows, J.; Smith, M. (1993). Young children's (7–11) Ideas About Light und Their Development. *International Journal for Science Education 15*, 1, 83–93.

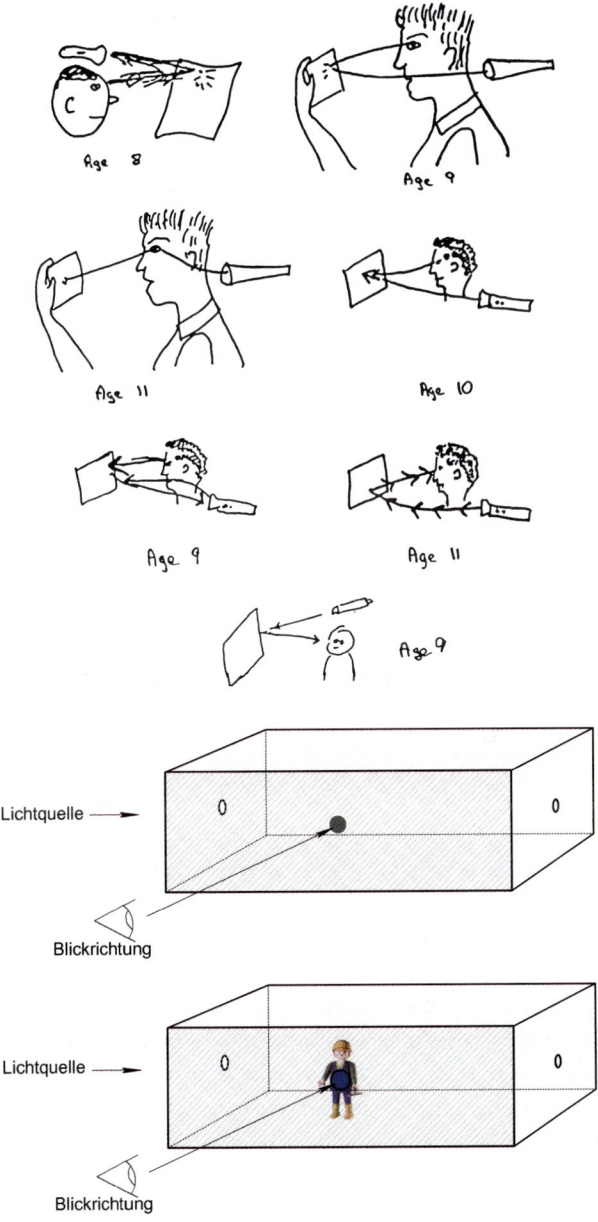

welcher Situation eine im Kasten befindliche Lichtquelle gesehen werden kann, dann gelingt es den Kindern leicht, den fundamentalen Zusammenhang zwischen Reflexion und Sehen zu begreifen.

Der Kasten enthält drei kleine Löcher, nämlich je eines auf den kürzeren Seiten und eines auf der länglichen Seite. Durch die beiden gegenüberliegenden Löcher kommt Licht hinein. Blickt man nun in den Kasten durch das längsseitige Loch, kann man nur Dunkelheit entdecken. Stellt man jedoch einen Gegenstand oder einen Spiegel in einem geeigneten Winkel in den Weg des Lichtes, kann das Licht in unser Auge zurückgeworfen werden.

## Beispiel 3: Die Möwe auf dem Wasser

In den letzten acht Jahren haben wir mehr als 900 Personen – Schüler der gymnasialen Oberstufe, Lehramtskandidaten der Fächer Physik, Chemie und Biologie, Lehrer, Studenten, Erwachsene aus unterschiedlichen Berufssparten und Professoren – mit Folgendem konfrontiert:

*Franziska wundert sich darüber, dass eine Möwe auf dem Wasser sitzen kann, ohne sich zu bewegen. Wie kann man Franziska das Phänomen erklären?*

Stets haben wir ähnlich lautende Antworten bekommen wie von Kindern der Jahrgangsstufe 3 bis 10. Zunächst schauen wir uns an, was Kinder dazu sagen:
- Ich denke, dass die Möwe unter Wasser ihre Füße bewegt, um nicht unterzugehen. (Klasse 6)
- Ich denke, dass die Federn der Möwe wasserabweisend sind, wegen des hohen Fettgehalts. (Klasse 6)
- Ich denke, dass die Möwe so leicht ist, dass sie ohne sich zu bewegen auf dem Wasser bleiben kann. (Klasse 3)
- Ich glaube, die Möwe bleibt auf der Wasseroberfläche, weil Luft unter ihren Federn sitzt. (Klasse 5)

- Ich glaube, sie schwimmt auf den Wellen und sie hält Gleichgewicht. (Klasse 4)

Die einzige Ausnahme bildet die erstaunliche Hypothese eines Fünftklässlers:
- Ich denke, die Möwe bleibt auf der Wasseroberfläche, weil ein Liter Wasser schwerer ist als das Volumen „ein Liter Möwe".

Wir haben niemals eine ähnliche Formulierung von Erwachsenen gehört. Ganz im Gegenteil, wenn wir ihnen verboten haben, Fachbegriffe zu benutzen, dann verstummten sie völlig. Selbst wenn hin und wieder der Begriff „Auftrieb" vorgebracht wurde, konnte niemand den Bedeutungsinhalt dieses Begriffs in klaren Worten erläutern. Offensichtlich hatten die Erwachsenen während ihrer akademischen Ausbildung nicht die Möglichkeit erhalten, ihre naiven Vorstellungen selbstständig zu korrigieren.

## Beispiel 4: Die Resistenz der naiven Vorstellungen

In einem Kurs (Hauptschule Klasse 5) sollten sich die Kinder mit dem Thema „Einfache Maschinen" befassen. Bevor sie sich in irgendeiner Weise mit der Frage des Hebels beschäftigt hatten, wurde ihnen folgender Test vorgelegt*:

Die folgenden sechs Abbildungen zeigen die „Startposition" einer Waage. Die Waage wird sich, sobald sie losgelassen wird, nach rechts oder links neigen beziehungsweise im Gleichgewicht bleiben. Alle Gewichte haben die gleiche Größe, die Abstände zwischen den Gewichtshaltern sind ebenfalls gleich. Entscheide, ob sich die Waage nach rechts (r), nach links (l) oder gar nicht neigt (g). Trage deine Einschätzung zu den jeweiligen Waagen ein.

---

* Nach Siegler, R. S. (1998). *Children's Thinking*. New Jersey: Prentice Hall.

Dabei müssen die Kinder sechs unterschiedliche Fälle betrachten:

1. Gewicht und Entfernung stimmen überein:

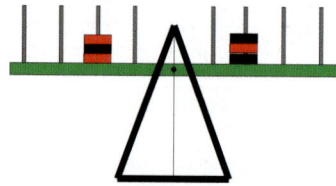

Diese Frage haben 87,8 Prozent richtig beantwortet.

2. Die Entfernungen stimmen überein, das Gewicht ist auf der einen Seite schwerer:

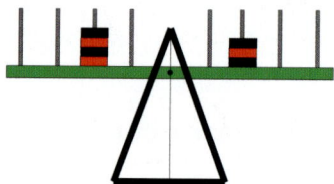

Diese Frage haben 90,9 Prozent richtig beantwortet.

3. Die Gewichte stimmen überein, die Entfernungen sind unterschiedlich:

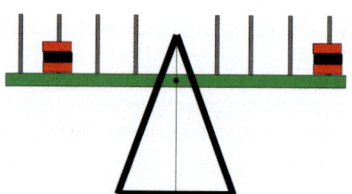

Diese Frage haben 59,1 Prozent richtig beantwortet.

4. Die Gewichte und die Entfernungen stimmen nicht überein, wobei die Wirkung der Änderungen entgegengesetzt ist:

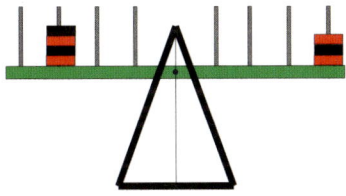

Diese Frage haben 36,4 Prozent richtig beantwortet.

5. Die Gewichte und die Entfernungen stimmen nicht überein, wobei die Wirkung der Änderungen gleichgerichtet ist:

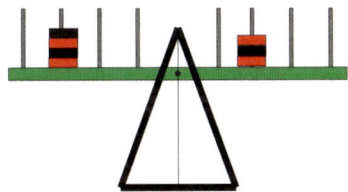

Diese Frage haben 81,8 Prozent richtig beantwortet.

6. Die Gewichte und Entfernungen stimmen überein, wobei das eine Gewicht auf dem Balken liegt, das andere Gewicht an dem Balken hängt:

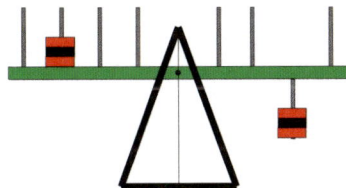

Diese Frage haben 9,1 Prozent richtig beantwortet.

Wenn man diesen Test Erwachsenen vorlegt, so beantworten diese vor allem Frage 6 mit ähnlichem Ergebnis wie Hauptschüler.

# Beispiel 5: Die Gesetze von Newton

So ungefähr lernen wir eines von vielen bedeutenden Gesetzen von Newton – das Wechselwirkungsprinzip:

> *Kräfte treten immer paarweise auf. Übt ein Körper A auf einen anderen Körper B eine Kraft aus (actio), so wirkt eine gleichgroße, aber entgegen gerichtete Kraft von Körper B auf Körper A (reactio).*
>
> *Lateinischer Originaltext: Lex tertia: Actioni contrariam semper et aequalem esse reactionem: sive corporum duorum actiones is se mutuo semper esse aequales et in partes contrarias dirigi.*
>
> $$\mathbf{F}_{A \to B} = -\mathbf{F}_{B \to A}$$
>
> *Zitiert nach Wikipedia*

In der formelhaften Darstellung dieses Gesetzes sind jedoch Erfahrungen sublimiert, die wir tagtäglich in unterschiedlichen Situationen machen. Wenn wir jedoch Naturgesetze isoliert von allen Wirklichkeitsbildern und realen Situationen übermittelt bekommen, können wir schwerlich eine Verknüpfung zwischen dem, was wir bereits wissen, und der abstrakt formulierten Naturgesetzlichkeit herstellen, um sie mit unseren Sinnen zu erfassen. Die Transponierung der Naturgesetze in das Formelhafte war ein pragmatischer Schritt. Er stand am Ende eines Erkenntnisprozesses und nicht am Anfang. In der Schule beginnen wir gleich mit den Reduktionen der Wirklichkeit. Die gelernten Sachverhalte bleiben somit eingesperrt als inertes Wissen in einem hermetischen Raum. Das Wechselwirkungsprinzip sagt etwas aus, was unser Körper bereits kennt. Zum Beispiel stoßen wir mit den Füßen rückwärts, um vorwärtszukommen. Beim Skifahren stoßen wir ebenfalls nach hinten, damit wir vorwärtsgleiten können. Wollen wir hochspringen, dann müssen wir die Erde kräftig nach unten drücken.

Es ist nicht verwunderlich, dass beispielsweise sehr viele Akademiker und Schüler es schwer finden, die Aussage des nachfolgenden Experiments ohne weiteres mit ihren Erfahrungen zu verknüpfen:

Zwei Bälle werden gleichzeitig fallen gelassen. Der Ball aus Gummi springt hoch, während der Jonglierball auf den Boden prallt und liegen bleibt.

Würde man anstelle eines Jonglierballes einen Luftballon, mit wenig Wasser gefüllt (damit er nicht platzt), benutzen, dann würde er auch nicht hochspringen können. Beide Bälle erfahren die Gegenkraft (*reactio*), doch im Falle des Jonglierballes wird sie von dem weichen Füllmaterial aufgefangen und in Bewegungs-energie verwandelt.

## Beispiel 6: Das Trägheitsgesetz

Das Trägheitsgesetz wurde 1638 von Galileo Galilei aufgestellt. Seine Hauptaussage lautet:

> *Alle Körper sind träge; das heißt, sie verharren in Ruhe oder in gleichför-*
> *mig geradliniger Bewegung. Eine Änderung des Bewegungszustandes*
> *kann nur durch Ausübung einer Kraft von außen erreicht werden (zum*
> *Beispiel Reibung).*
>
> *Zitiert nach Wikipedia*

Auch das obige Gesetz korrespondiert mit zahlreichen Alltagser-fahrungen. Wir kennen dieses Axiom körperlich. Wer beim Rennen plötzlich anhält, kippt nach vorn. Die Füße bleiben zwar am Boden haften, doch der Oberkörper behält seine Bewe-gungsrichtung bei. Beim Fahren im Auto, in der Straßenbahn usw. geschieht dasselbe, wenn aus irgendeinem Grund die jewei-lige Bewegungsart jäh zum Stillstand kommt. Fragen wir jedoch, was mit den Gläsern geschieht, wenn der Kellner, wie im Bild unten dargestellt, plötzlich stehen bleibt, dann haben viele Men-schen Schwierigkeiten, diese Frage eindeutig in Beziehung zum Trägheitsgesetz zu beantworten beziehungsweise sie im Kontext von Kräften zu interpretieren.

## Beispiel 7: Wasser

Wenn wir das Thema „Wasser" „durchnehmen", dann wird alles Erdenkliche, angefangen vom Kreislauf des Wassers bis hin zur

Oberflächenspannung, besprochen. Es gibt unzählige Bücher, die diese Thematik regelrecht experimentell abarbeiten. Viele Versuche können für die Kinder und Jugendlichen durchaus spannend und interessant sein. Nur was bleibt davon übrig? Was können wir davon ins Gedächtnis rufen, um uns ein Ereignis verständlich zu machen, das mit den Eigenschaften des Wassers zusammenhängt, uns aber zunächst rätselhaft erscheint? Es zeigt sich, dass Wissen, das wir uns ohne einen realen Kontext gewissermaßen auf Vorrat aneignen, nicht vernetzt werden kann. Das

folgende Beispiel möge diesen Zusammenhang verdeutlichen. Die Bilderserie auf S. 45 zeigt, wie ein Rasierpinsel in das Wasser eingetaucht und wieder aus dem Wasser herausgenommen wird. Man kann sehen, dass die Pinselhaare im Wasser auseinandergehen und beim Herausnehmen eng aneinander kleben. Die nassen Pinselhaare bilden die Form eines Wassertropfens.

Dieses Umschließen von Wasserteilchen spielt in der Natur eine bedeutende Rolle. Die Bildung von Wassertropfen bewirkt eine Reduktion der Oberfläche und ist daher ein gespannter Zustand. Könnten wir die Tropfenstruktur auseinanderfalten, dann würden wir das Wasser entspannen. Dieser Zusammenhang wird als Oberflächenspannung interpretiert. Zum Glück sorgt die Natur dafür, dass das Wasser von sich aus Tropfen bildet. Daher kann zum Beispiel das Wasser nicht an Pflanzen haften bleiben und perlt von den Blättern herab. Würde uns dieser Zusammenhang an erlebbaren Bildern bewusst, dann fiele es uns nicht schwer zu verstehen, weshalb die Pflanzen das Wasser nicht über die Blätter aufnehmen. Ich habe mehrmals erlebt, dass Lehrende mit Begriffen wie Adhäsion und Kapillarwirkung reagieren, wenn sie gefragt werden, ob der Baum das Wasser über die Blätter oder über die Wurzel aufnimmt.

Man könnte noch viele weitere Beispiele erwähnen. Immer läuft es darauf hinaus, dass unsere Auffassung darüber, wie Menschen Zusammenhänge verstehen, einer gründlichen Reflexion bedarf. Dies bedeutet auch, dass wir uns für die Verbesserung des Unterrichts genauer darüber informieren müssen, was die kognitiven Wissenschaften über das Lernen herausgefunden haben. Die obigen Beispiele sind sehr gut dazu geeignet, sie mit den Kindern zu besprechen. Da wird man dann nicht nur lernen, wie Kinder denken, sondern auch, dass sie das Potenzial haben, unbefangen Theorien und Hypothesen zu bilden und auf einer höheren kognitiven Ebene die Zusammenhänge zu interpretieren. Solch eine Erfahrung ist für uns Lehrende eine Bereicherung und hilft uns, unverstandenen Naturgesetzen neu zu begegnen und somit in neuen Kontexten zu verstehen.

# 5

# Die Überwindung von naiven Vorstellungen durch eine Neuorganisation von Wissen: Schattenmessen

*Also: Hin zur Systematik, hin zum echten Ordnungserlebnis, irgendwo, exemplarisch, ein Stück weiter. Aber nicht: Systematik als Gleise. Denn das Entlang-Gejagtwerden längs den Gleisen des Systems bildet nicht. Wir wollen Gleisleger erwecken, nicht Gleisfahrer machen.*

Martin Wagenschein

Wie man dafür sorgen kann, dass Kinder trotz ihrer naiven Vorstellungen sich allmählich den wissenschaftlichen Erkenntnissen annähern, zeigt das folgende Beispiel. Hier bekommen Kinder (Klasse 2) lediglich durch das Messen von Schatten ein Gefühl nicht nur für die Bewegung der Erde um die Sonne, sondern auch, wie sich diese Bewegung im Einzelnen vollzieht und welche Konsequenzen dies für die klimatischen Zusammenhänge in verschiedenen Erdteilen hat.

Es folgt ein Bericht von Frau Inge Lore Fischer (Lehrerin an der Grund- und Hauptschule Haueneberstein) über ihren Unterricht ab Ende Klasse 1 im Sommer 2006 bis zum Winter 2007 in Klasse 2.

# 5.1 Schatten machen sich groß und klein

### Erster Tag

Ich schlage vor, heute Schattenfangen zu spielen und die Schatten zu messen. Die Kinder schauen auf ihre Schatten. Zunächst aber wundern sie sich, dass diese viel kleiner sind als sie selbst. Wie groß sie sind, ist jetzt eine nahe liegende Frage für sie.

Als Messübung werden die Kinder aufgefordert, gegenseitig ihre Schatten zu messen. Sie probieren aus, wie sie stehen müssen, damit ihre Schatten möglichst lang sind. Die Ergebnisse werden von ihnen mit Datum und Uhrzeit notiert.

### Zweiter Tag

Auch heute ist es wieder sehr warm und sonnig. Wir wollen nach draußen gehen. Diesmal in der vorletzten Stunde. Ich nehme wieder die Zollstöcke mit und die Liste, auf der ich am Vortag die Schattenlängen eingetragen habe.
Bemerkungen und Fragen der Kinder:

- Messen wir wieder unsere Schatten?
- Als ich heute in die Schule gekommen bin, war mein Schatten viel größer als gestern.
- Meiner auch.

Wieder wird gemessen. Die Kinder gehen schon viel geschickter vor, korrigieren sich gegenseitig, wenn sie nicht mit der Sonne im Rücken stehen oder sich beim Messen bücken. Es können noch nicht alle die Zahlen über 20 sicher lesen, aber mit gegenseitiger Hilfe klappt es ganz gut. Die Schüler, die mir ihre Maße melden, stellen fest, dass der Schatten heute größer ist als gestern. Nur einer hat heute eine niedrigere Zahl angegeben. Die Messung wird wiederholt, und diesmal ist es auch bei ihm mehr.

Beim Eintragen der neuen Maße in meine Liste stelle ich fest, dass ein Schüler seinen Schatten noch nicht gemessen hat. Er hat gespielt, während die anderen gemessen haben, und meint jetzt, dass er das doch gestern schon gemacht habe. Mein Einwand, heute seien die Schatten aber doch größer als gestern, überzeugt ihn, und die Liste kann vervollständigt werden.

Ich frage, woran es wohl liegt, dass die Schatten unterschiedlich lang sind.
Antwort der Kinder:
- Am Morgen steht die Sonne tiefer als jetzt.

Das haben noch nicht alle verstanden. Wir werden in der nächsten Woche noch einmal messen.

**Eine Woche später**

Während der Gartenarbeit haben die meisten Kinder noch einmal ihre Schatten gemessen. Und irgendwann fragt eine Schülerin, wann wir mal wieder Schatten messen. Ich erkläre ihnen, dass wir irgendwann wieder Schatten messen werden. Aber vorher überlegen wir uns, wie der Schatten entsteht und warum er mal länger und mal kürzer ist und wie wir das ausprobieren könnten. Es ist offensichtlich, dass die Kinder mit Feuereifer dabei sind und dass sie sich auf diese Stunden besonders freuen.

Wir gehen in den Garten und sehen nach den Beeten. Um mal wieder Schatten zu messen, nehmen die Kinder Zollstöcke mit. (Heute ist der Himmel bedeckt.)
Bemerkungen der Kinder:
- Heute gibt es keinen Schatten, weil hier keine Sonne ist.
- Vielleicht ist auf dem Schulhof Sonne. (Dort haben wir bisher die Schatten gemessen.)

Sie wollen auf den Schulhof gehen, einige suchen an verschiedenen Stellen. Sie stellen sich so, wie sie bisher ihre Schatten gemessen haben, mit dem Gesicht zur Schule.

- Die Wolken sind davor. (Vor der Sonne.)
- Da oben kann man die Sonne hinter den Wolken sehen.
- Können wir auch in der Schule Schatten machen?

Ich schlage den Kindern vor, für die nächste Woche ein paar Taschenlampen mitzubringen, damit wir in der Klasse Schatten machen können. Ich denke, dass die Kinder dann vielleicht herausbekommen werden, warum die Schatten mal groß und mal klein sind.

### 18. Juli 2006

An den drei Gruppentischen sind Taschenlampen mitgebracht worden. Der Raum lässt sich nicht richtig verdunkeln. Aber es reicht, um Schatten zu erkennen. Ich schlage den Schülern vor zu versuchen, Schatten von einem Bleistift zu machen, der mithilfe von Knete senkrecht auf den Tisch gestellt wird. Die Kinder fangen sofort an, Schatten zu suchen.

Bemerkungen der Kinder:

- Der wandert ja!
- Wenn du mit der Lampe weitergehst, geht der Schatten auch weiter.
- Ich kann ihn ja rundherum gehen lassen.

In einer Gruppe wird die Taschenlampe senkrecht von oben auf den Bleistift gehalten und ein dicker Schatten entdeckt. Ich frage, woher der Schatten kommen könnte.

- Von der Lampe. (Gemeint ist eindeutig die Taschenlampe und nicht das Licht, was in diesem Fall auch stimmt.)

Ich erinnere die Kinder daran, dass wir vom Bleistift einen Schatten machen wollten. Das können sie selbstverständlich auch und zeigen es mir. In allen Gruppen gelingt es, den Schatten wandern zu lassen.

Ich möchte wissen, ob die Kinder den Schatten auch größer oder kleiner machen können. Eine Gruppe versucht es zunächst mit einem kleineren Bleistift zu zeigen. Ich mache die Kinder darauf aufmerksam, dass der Schatten von einem kleineren Bleistift immer kleiner geworfen wird. Ich frage sie, ob sie draußen auch kleiner geworden seien, als ihr Schatten kleiner war.

Nein, natürlich nicht, denken offensichtlich die Kinder und versuchen nun, nur den Schatten kleiner werden zu lassen, ohne die Größe des Bleistiftes zu ändern. Sie projizieren den Schatten an die Wand, was hier geht, da der Tisch neben der Wand steht. Mit einigem Abstand dazu wird der Stift mit der Taschenlampe angeleuchtet, und – ob Zufall oder Absicht – die Taschenlampe wird nach oben und unten bewegt, und der Schatten wächst und schrumpft.

Die anderen Gruppen kommen dazu und bewundern das Ergebnis.

Ich wende ein, dass draußen ja keine Wand war und die Kinder ihre Schatten auf dem Boden sehen konnten. Ich frage, ob die Kinder den Schatten vom Bleistift auf dem Tisch wachsen lassen können.

Auch das gelingt in allen Gruppen. Sie versuchen, dies von verschiedenen Seiten und mit verschieden starken Lampen zu erreichen, und sie können immer gezielter zu einem Ergebnis kommen. Die Kinder haben eifrig miteinander diskutiert und experimentiert und stellen nun gruppenweise ihre Erkenntnisse den anderen vor. Dabei führen sie auch noch einmal vor, wie sie es gemacht haben.

Zum Abschluss der Stunde soll jeder versuchen zu malen und/oder zu schreiben, wie sie die Schatten vergrößert und verkleinert haben. Bis auf ein Kind haben alle erkannt, dass die Schatten vom Licht her gesehen hinter dem Bleistift waren. Alle haben gezeigt oder erklärt, dass der Schatten kleiner wurde, wenn die Lampe höher gehalten, und länger, wenn die Lampe tiefer gehalten wurde.

- Ich bin in der Schule. Wir mussten erforschen. Ich und die an dem Tisch, wo ich auch sitze, haben etwas ganz Tolles herausgefunden, nämlich, wenn man nach unten geht, dann wird der Stift groß.

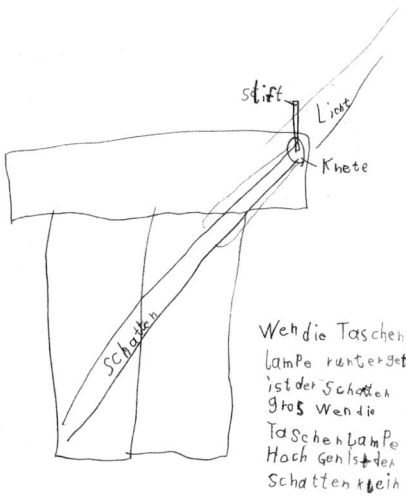

- Wenn die Taschenlampe runtergeht, ist der Schatten groß, wenn die Taschenlampe hochgeht, ist der Schatten klein.

Als wir am Ende des Vormittags in den Garten gehen, wollen einige noch einmal ihre Schatten messen. Das klappt immer besser. Die Zahlen bis 100 sind für die meisten schon kein Problem mehr, was sich auch zeigt, wenn sie in der Fibel einen Lesetext finden sollen und ich nur noch die Zahl sagen muss. Im Mathematikunterricht haben wir die Zahlen von 20 bis 100 erst vor wenigen Tagen eingeführt.

In den letzten beiden Wochen des Schuljahres ist es weiter sehr warm. Wir müssen immer mal wieder im Garten gießen, und trotzdem sehen die Kinder, wie viele Pflanzen die Trockenheit nicht überstehen. Sie beobachten aber auch immer mehr kleine Tiere: Spinnen, Ameisen, Bienen. Dass die Bienen für die Pflanzen wichtig sind und die Blumen für die Bienen, erzählen die Kinder. Sie überlegen auch, was mit den toten Tieren geschieht, denn ein junger Vogel wird in die Klasse gebracht, der aus dem Nest gefallen ist. Er ist so klein, dass er nicht überleben kann. Sie erklären gemeinsam so etwas wie einen Nahrungskreislauf. Es gibt so viele Themen, die man vertiefen könnte.

Auch über den Grund, warum der Schatten draußen mal länger, mal kürzer ist, wird noch einmal laut nachgedacht: Die Sonne steht mal höher und mal tiefer. Am Morgen geht sie auf, dann steht sie tief, der Schatten ist lang. Am Mittag steht sie ganz oben, dann ist der Schatten kurz, und nachmittags wird der Schatten wieder lang, bis die Sonne wieder verschwindet.

### 9. Oktober 2006

Heute scheint die Sonne. Wir messen noch einmal unsere Schatten.

Die Schatten sind deutlich größer als im Juli. Jeder will messen, jeder will, dass sein Schatten gemessen wird. Das Eintragen in die Tabelle übernehmen nach kurzer Erklärung einige besonders zuverlässige Schüler.

Ich frage, woran es liegt, dass die Schatten jetzt länger sind. Die Schüler sollen sich die Antwort zu dieser Frage bis zum nächsten Mal überlegen.

Am Abend ist Elternabend. Eine Mutter kommt zu mir und erzählt, dass ihr Sohn über das Schattenmessen berichtet hat. Er

meinte zunächst, dass er ja inzwischen auch gewachsen sei. Nach einer Weile aber hätte er selbst gemeint, dass das nicht der Grund ist, dass er jetzt weiß, woran es liegt.

## 11. Oktober 2006

Wir vergleichen noch einmal die Schattenlängen vom Juni mit denen vom Oktober. Alle sind länger geworden. Ich frage, warum das wohl so ist.
Ein Schüler meint:
- Ich bin ja auch gewachsen.

Ich wende ein, dass er um so viel nicht gewachsen sein kann. Mithilfe des Meterstabs vergleichen wir noch einmal das Maß vom Juni mit dem von vorgestern. Für einige Schüler ist zwar klar, dass die Schatten größer geworden sind, aber um wie viel verstehen sie erst, als sie die Längen tatsächlich nebeneinander sehen. Und so viel größer ist niemand geworden!
- Ich weiß es. Die Sonne kommt nicht so von oben. Das haben wir doch gemerkt, als wir das mit den Schatten ausprobiert haben. Vielleicht ist es schon spät.

Ich bemerke, dass die Sonne nicht so hoch wie im Juni ist. Allerdings wurde im Juni um die gleiche Uhrzeit gemessen wie jetzt. Das hätten wir auf der Tabelle so eingetragen.
- Aber die Uhr wird doch umgestellt.

Ich erkläre ihnen, dass dies noch nicht der Fall sei.
Die Kinder fassen ihre Erkenntnisse zusammen:
- Am Morgen sind die Schatten länger als am Mittag.
- Aber am Abend sind die Schatten auch ganz lang.

Ich frage, wie es dazu kommt, dass es Abend wird und Morgen.
- Ich weiß, die Erde dreht sich.
- Und wenn bei uns Tag ist, ist es woanders Abend.

In der Klasse ist ein Globus, an dem wir bereits einige Länder, in denen die Kinder schon waren oder wo Verwandte wohnen, gesucht haben. Mithilfe einer Lampe und dem Globus zeige ich, wie sich die Erde um die Erdachse dreht und wie Tag und Nacht entstehen.

Alle Kinder haben nun verstanden, warum der Schatten am Morgen und Abend größer ist als mittags. Ich frage, warum der Schatten jetzt länger ist als im Juni.

- Die Erde dreht sich.
- Vielleicht dreht sich die Sonne auch?
- Aber Frau Fischer hat doch gesagt, dass die Sonne eine Kugel ist, die glüht, und das Licht überall ist.
- Ich weiß: Die Erde geht um die Sonne!

Dies ist mit einer einfachen Lampe nicht so gut zu zeigen, aber nach einer Weile haben es die Kinder verstanden. Und die meisten verstehen dann auch, dass die Sonne mal mehr auf den Nordpol scheint und mal mehr auf den Südpol, „der ja weiter weg ist von uns".

- Und wenn die Sonne weiter weg ist, dann sehen wir sie morgens etwas später und sie steht dann mittags auch nicht so hoch.
- Und das ist dann jetzt.
- Und im Juni war sie morgens früher da und ist dann viel höher gestiegen. Und deshalb war der Schatten dann kleiner.

Die Kinder haben sich sehr angestrengt und sind ziemlich müde geworden. Deshalb machen wir jetzt Schluss, auch wenn nicht alle Kinder so weit mitgekommen sind. Im Winter werden wir wahrscheinlich noch einmal auf diese Fragen stoßen.


**26. Oktober 2006**

Heute messen wir noch einmal die Schatten. Als wir nach draußen in die Sonne kommen, staunen die Kinder.

- Die sind ja noch größer als beim letzten Mal.
- Mindestens zehn Meter.
- Nein, so groß nicht, aber viel größer als nach den Sommerferien.

Einige versuchen, mithilfe von Schritten die Länge abzuschätzen. Aber schließlich wird wieder mit dem Metermaß gemessen. Jeder kommt dran mit Messen und Gemessenwerden, und jeder darf beim Messen helfen. Und auch das Aufschreiben wird selbstverständlich von den Kindern übernommen.

Nach den Herbstferien sollen die Kinder noch einmal etwas über das Schattenmessen aufschreiben. Vielleicht haben wir Glück, und es scheint noch einmal die Sonne.

## 15. November 2006

Noch einmal werden Schatten gemessen. Diesmal sind wir später dran. Und außerdem wurde die Uhr umgestellt. Die Schatten sind etwas kürzer als am 26. Oktober, aber immer noch viel länger als Anfang Oktober.

Einige Tage später sollen die Kinder einem Schüler, der in diesem Schuljahr neu ist, noch einmal von ihren Schattenversuchen im Sommer berichten. Sie erklären ihm, was sie gemacht haben.

In den folgenden Wochen steht auf dem Wochenplan: Schatten malen und über Schatten schreiben. Ergebnisse werden jeweils vorgelesen und besprochen.

## 27. November 2006

Einige Kinder haben zunächst nur geschrieben, wann die Schatten groß und klein sind (morgens groß, mittags klein, abends groß). Sie begründen mündlich, warum das so ist. Ich bitte sie, ihre Begründungen aufzuschreiben.

- Marko: „Der Schatten ist morgens größer und mittags nicht, weil wenn die Sonne untergeht, ist der Schatten größer, wenn die Sonne hoch geht, ist der Schatten klein."

- Marvin: „Morgens, wenn wir nach draußen gehen, dann ist der Schatten groß. Wenn wir am Mittag nach draußen gehen, dann ist der Schatten klein. Und wenn wir nachmittags nach draußen gehen, dann ist der Schatten auch groß. Wenn die Sonne oben ist, dann ist der Schatten klein, wenn die Sonne … unten ist, dann ist der Schatten groß, und wenn die Sonne zwischen oben und unten ist, dann ist der Schatten normal."

- Mara: „Morgens ist der Schatten groß. Mittags ist der Schatten klein und abends ist er wieder groß. Der Schatten ist deshalb groß, weil morgens und abends die Sonne unten steht. Und mittags ist die Sonne oben, dann ist der Schatten klein."

- Jannik: „Der Schatten kommt von sich selber und macht alles, was du machst. Der Schatten ist nicht immer groß, aber auch nicht immer klein. Der Schatten ist, weil es die Sonne gibt. Am Morgen ist der Schatten groß, am Mittag ist der Schatten klein. Der Schatten sieht aus … ob er lebt. Aber das stimmt gar nicht. Wir haben ihn auch schon in der Schule gemessen."

- Maik: „Morgens ist der Schatten groß, mittags ist der Schatten klein. Nachmittags ist der Schatten auch wieder groß. Wenn die Sonne direkt auf den Kopf scheint, dann ist der Schatten klein, weil der Schatten direkt auf den Boden scheint.“

## 6. März 2007

Die Sonne scheint. Wir gehen in der vierten Stunde nach draußen, um mal wieder den Weizen und die Schatten zu messen und nach den Beeten im Schulgarten zu schauen. Im Klassengespräch vorher waren sich alle einig, dass die Schatten heute kleiner sein werden als im Januar.

Die Kinder stellen fest:
- Heute ist es wie im Frühling.
- Am 21. März fängt der Frühling an.
- Im Wetterbericht haben sie schon gesagt, dass der Frühling angefangen hat.
- Aber nach dem Kalender fängt er erst am 21. März an.

In der Klasse vergleichen sie dann die Messergebnisse vom Schattenmessen mit den früheren Messergebnissen in der Tabelle. In den Gesprächen erklären sie sich gegenseitig die unterschiedlichen Längen. Im Laufe der Woche malen und schreiben einige Kinder von dieser Stunde.

### Neun Monate nach den Forscherstunden zu den Jahreszeiten

Was für eine Vorstellung haben die Kinder entwickelt, nachdem sie monatelang Schatten erforscht haben, wie Schatten entstehen, warum unser Schatten unterschiedlich lang ist usw.?

*Kleiner Test*

Ich komme mit einem Globus in die Klasse. Nach einer kurzen Orientierung (wo sind wir, wo ist Brasilien, bei uns ist Winter, es regnet oder schneit, in Brasilien ist jetzt Sommer, da ist es ganz heiß und es gibt fast keinen Regen) schauen wir uns an, was südlich von Brasilien liegt.

Bemerkungen der Kinder:
- Da liegt Chile.
- Da ist jetzt auch Sommer, aber es ist nicht so heiß.

Ich frage, ob es dort auch mal regnet. Ich bitte die Kinder, ein Bild von der Erdkugel zu zeichnen und auch Wolken, aus denen es hier bei uns und auch in Chile regnet oder schneit. Damit es kein Gemälde gibt, sondern nur eine einfache Skizze, male ich Folgendes an die Tafel:

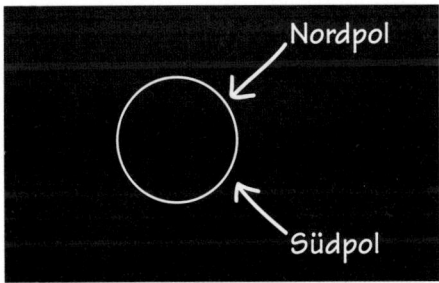

Die Kinder malen sofort Wolken auf der Nordhalbkugel mit Regen oder Schnee und die meisten auch recht zügig den Regen auf der Südhalbkugel.

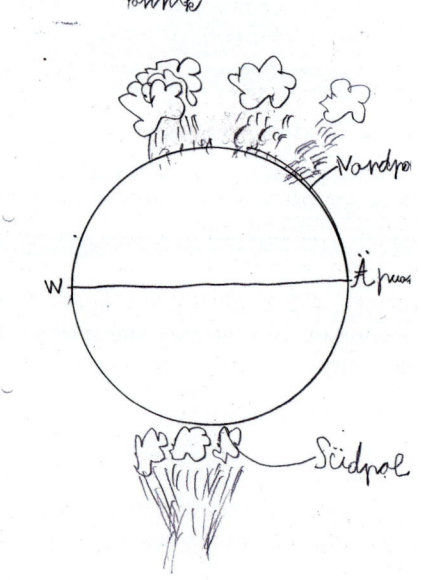

*Ergebnis*

Der Regen fällt auf der Südhalbkugel
– auf die Erde: elf Schüler*
– von der Erde weg in den Weltraum: sechs Schüler*

Als alle fertig sind und abgegeben haben, male ich beide Versionen an die Tafel. Eine Schülerin, die beim Malen das Blatt umgedreht hatte, um den Regen richtig einzuzeichnen, ist zunächst etwas verunsichert und sagt leise vor sich hin:
• Ach, da hab ich ja den Regen nicht nach unten gemalt.

Ein anderer verkündet:
• Aber da fällt ja der Regen nicht auf die Erde, sondern in den Weltraum. Das kann doch nicht stimmen.

Dafür bekommt er große Zustimmung:
• Dann wär der Regen ja weg. Aber der fällt doch auf die Erde.
• Der Regen fällt immer auf die Erde.
• Unsere Füße sind ja auch auf der Erde.
• Die sind eben unten. Und da fällt auch der Regen hin.
• Die Erde zieht uns an und den Regen auch.
• Das ist wie bei einem Magnet.

Ich denke, dass die Schüler eine erstaunlich gute Vorstellung haben. Natürlich ist sie nicht bei allen gesichert, aber nach neun Monaten doch bei sehr vielen. Ich denke, alle haben für zukünftige Erfahrungen und Kenntnisse eine sehr gute Grundlage. Das erarbeitete Wissen aus den Schattenmessungen und jahreszeitlichen Beobachtungen ist auch nach längerer Zeit sehr präsent.

Haueneberstein, den 4. 12. 2007
Inge Lore Fischer

---

* Jeweils ein Schüler ist neu in der Klasse, also ohne Vorerfahrungen aus Forscherstunden. An jedem der vier Gruppentische waren richtige und falsche Ergebnisse.

Tabellarische Zusammenfassung der Messwerte: Schatten in Sommer, Herbst und Winter.

| | 13.06.2006 6. Stunde | 14.06.2006 5. Stunde | 23.06.2006 5. Stunde | 09.10.2006 4. Stunde | 26.10.2006 4. Stunde | 15.11.2006 5. Stunde | 10.01.2007 5. Stunde | 06.03.2007 4. Stunde |
|---|---|---|---|---|---|---|---|---|
| Lena | 78 cm | 99 cm | 1 m 23 cm | 2 m 60 cm | 3 m 60 cm | 3 m 15 cm | 3 m 75 cm | 2 m 24 cm |
| Helena | 78 cm | 96 cm | 1 m 8 cm | 2 m 60 cm | 3 m 60 cm | 3 m 20 cm | 3 m 80 cm | 2 m 20 cm |
| Marvin | 74 cm | 1 m 2 cm | 1 m 8 cm | 2 m 50 cm | 3 m 60 cm | 3 m 35 cm | 4 m 25 cm | 2 m 14 cm |
| Kai-Benedikt | 80 cm | 1 m 4 cm | 1 m 14 cm | 2 m 70 cm | 3 m 80 cm | 3 m 30 cm | 4 m 30 cm | 2 m 40 cm |
| Raphael | – | – | 1 m 27 cm | 2 m 70 cm | 3 m 82 cm | 3 m 40 cm | – | 2 m 41 cm |
| Leon | 88 cm | 1 m 17 cm | 1 m 21 cm | 2 m 80 cm | 3 m 70 cm | 3 m 40 cm | 4 m 50 cm | 2 m 60 cm |
| Aylin | 87 cm | – | 1 m 16 cm | 2 m 65 cm | 3 m 70 cm | 3 m 24 cm | – | 2 m 30 cm |
| Angelina | 88 cm | 1 m 12 cm | 1 m 18 cm | 2 m 60 cm | 3 m 70 cm | 3 m 30 cm | 4 m 6 cm | 2 m 30 cm |
| Walter | 79 cm | 1 m 2 cm | 1 m 2 cm | 2 m 60 cm | 3 m 67 cm | 3 m 30 cm | 4 m 25 cm | 2 m 43 cm |
| Yannik M. | 87 cm | 1 m 20 cm | 1 m 18 cm | 2 m 90 cm | 3 m 70 cm | 3 m 50 cm | – | 2 m 68 cm |
| Victoria | 71 cm | 78 cm | | 2 m 60 cm | 3 m 30 cm | – | – | – |
| Marko | 93 cm | 82 cm | 1 m 16 cm | 2 m 80 cm | 4 m | 3 m 65 cm | 4 m 75 cm | 2 m 50 cm |
| Jannik R. | – | – | – | 2 m 70 cm | 3 m 70 cm | 3 m 22 cm | 4 m 30 cm | 2 m 40 cm |
| Hendrik | 76 cm | 98 cm | 1 m | – | 3 m 35 cm | 2 m 99 cm | 4 m 10 cm | 2 m 36 cm |
| Philip | 85 cm | 1 m 8 cm | 1 m 23 cm | 2 m 90 cm | 3 m 60 cm | 3 m 40 cm | 4 m 30 cm | 2 m 40 cm |
| Maik | 85 cm | – | 1 m 28 cm | 2 m 60 cm | 3 m 40 cm | 3 m 20 cm | 4 m 20 cm | 2 m 40 cm |
| Mara | 83 cm | 99 cm | 1 m 8 cm | 2 m 50 cm | 3 m 40 cm | 3 m 28 cm | 3 m 85 cm | 2 m 25 cm |

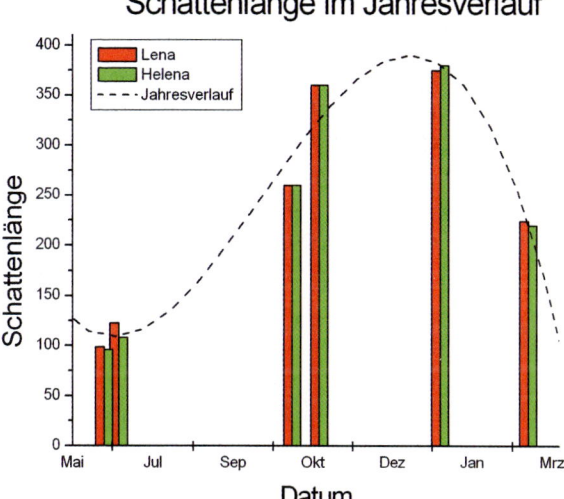

Überträgt man die Messergebnisse der Kinder in eine Balkengrafik, entsteht ein Jahresverlauf der Schattenlängen, der den Jahresgang der Sonne deutlich erkennen lässt.

Vermutlich führt die Abwesenheit solcher Lernmöglichkeiten dazu, dass Menschen im Rahmen der Schule oder Universität wissenschaftliche Probleme lösen lernen und dennoch nicht in der Lage sind, eben dieses Wissen zur Erklärung von Alltagsphänomenen heranzuziehen.

## 5.2 Zusammenfassung

Es leuchtet ein, dass wir als Lehrende ermutigt werden sollten, ein unerschütterliches Vertrauen darin zu entwickeln, die Kinder als Wissende zu betrachten, die über wertvolle Kenntnisse und Kompetenzen verfügen. Dieses Wissen können wir dann gezielt einbeziehen, um ein Problem, das sich den Schülern stellt, zu lösen.

Ausgehend von vertrauten Bildern sollten die Kinder mit Forschungsaufgaben beschäftigt werden, die geeignet sind, ihnen Raum zu geben, über ihr bereits vorhandenes Wissen zu berichten und mit Fragestellungen konfrontiert zu werden, die sie dann auch selbstständig lösen wollen.

Die Lernziele werden dann dadurch gekennzeichnet sein, dass die Lehrenden und die Kinder gemeinsam Zusammenhänge entdecken und weitergehende Fragen formulieren.

# 5.3  Strategien

Im Idealfall wäre es möglich, folgende Strategien zu verwirklichen:

## Einstieg

### Lehreraktivität

Schafft sich Einblick in die bereits vorhandenen Vorstellungen und Ideen der Kinder. Bewertet diese im Kontext der Fragestellung. Sucht nach Möglichkeiten, vorhandene Einsichten zugunsten von wissenschaftlich gesicherten Erkenntnissen zu vermitteln. Entwirft eine Vorgehensweise dazu. Wählt Ereignisse, Bilder und Sprache, die den Erfahrungsmöglichkeiten der Kinder entsprechen.

### Schüleraktivität

Erhält die Möglichkeit, vorhandene Vorstellungen darzulegen und gegebenenfalls experimentell zu überprüfen.

Erfährt Ermunterung und Unterstützung darin, eigene Ideen zu entwerfen, sich aktiv und kooperativ an der jeweiligen Forschungsaufgabe zu beteiligen.

## Fokussierung

### Lehreraktivität

Sorgt für motivierende Gespräche, Vermittlung von Erfahrungen. Beteiligt Kinder mit gezielten Fragen an der Diskussion. Interpretiert und erläutert Ansichten von Kindern.

Denkt über die Ursachen von Schülervorstellungen nach. Stellt divergierende Ansichten der Kinder deutlich vor. Schafft Gelegenheiten für Kinder, sich handelnd und nachdenkend von neuen Erkenntnissen zu überzeugen.

### Schüleraktivität

Macht sich mit den Untersuchungsmaterialien vertraut. Entwirft diese gegebenenfalls selbst. Denkt über das Forschungsvorhaben nach, stellt Fragen, die helfen, sich ein neues Konzept anzueignen. Beschreibt oder erzählt Ereignisse, Vorstellungen aus seiner Erfahrungswelt, die im Lichte neuer Erkenntnisse anders zu interpretieren sind.

Hält sich zurück, wenn andere zu Wort kommen. Lässt sich helfen und ist bereit, anderen zu helfen.

## Herausforderung

### Lehreraktivität

Behält den Überblick über die Ansichten und Vorstellungen der Kinder. Sorgt dafür, dass alle Ansichten zur Sprache kommen. Betrachtet die vorläufigen Meinungen der Kinder als unabdingbar notwendig und strukturiert sie. Stellt Fragen, welche die Neugier der Kinder wecken und eine höhere Stufe des Denkens ansprechen. Fördert Problemlösungskompetenz der Kinder, behält dabei die unterschiedlichen Lernentwicklungen im Auge und trägt somit zur Kompetenzentwicklung aller Kinder bei. Betrachtet *trial and error* als Intensivierung des Lernens. Ist bereit, gemeinsam mit den Kindern Zusammenhänge zu verstehen.

### Schüleraktivität

Denkt über die Ansichten anderer Kinder nach, bewertet sie im Kontext von wichtig und unwichtig. Sucht nach Wegen der Überprüfbarkeit verschiedener Ideen. Strukturiert eigene Vorstellungen und entwirft einen Weg zu ihrer Überprüfung. Begreift die Bewältigung einer Aufgabe als Ergebnis gemeinschaftlicher Arbeit. Erkennt die Notwendigkeit der Protokollführung. Lernt erworbene Methodenkompetenzen auf neue Aufgaben zu übertragen.

## Verwirklichung

### Lehreraktivität

Fasst Ergebnisse der Diskussion und der Untersuchungen zusammen, auch im Kontext von wissenschaftlichen Befunden. Beachtet die Formenvielfalt der Kinderfragen. Hilft Kindern dabei, im Lichte der neu gewonnenen Erkenntnisse eigene Erfahrungen zu interpretieren. Achtet darauf, dass Kinder Erkenntnisse verbalisieren können. Sucht nach neuen Problemen, die mithilfe der erworbenen Kompetenzen und Erkenntnisse bewältigt werden könnten. Schafft Raum für das Entfalten von verschiedenen Fertigkeiten wie zum Beispiel: Kinder als Handwerker, Kinder als Theoretiker, Kinder als Entdecker.

**Schüleraktivität**

Bewältigt Probleme unter Anwendung von selbst entwickelten, von der Gruppe modifizierten Konzepten beziehungsweise Kompetenzen.

Stellt seine Problemlösungsstrategien anderen vor und erläutert sie. Akzeptiert Einwände beziehungsweise Verbesserungsvorschläge anderer.

Diskutiert weitergehende Fragestellungen, die beim Bewältigen des Problems sichtbar geworden sind, gemeinsam. Erkennt die Vielfalt von Ideen und Kompetenzen seiner Mitschüler an.

## 5.4 Die „Lehreraktivität" in konkreter Unterrichtssituation am Beispiel „Schwimmen und Sinken"

### Einstieg

Die Lehrenden haben Klarheit über die Zusammenhänge gewonnen, die beim Schwimmen und Sinken von Bedeutung sind, und können diese im Kontext von Naturgesetzen interpretieren. Besonders wichtig ist hierbei das Zusammenspiel vom Umfang einer Obstsorte und der Struktur des Fruchtfleisches. Die Kinder erfahren dadurch etwas über den Begriff „Dichte" und können dessen Bedeutung intuitiv erfassen.

Der Lehrer bringt Obst- und Gemüsesorten zum Unterricht mit, hat mehrere Eimer und Gießkannen mit Wasser, Messbecher, Lineale und Waagen bereitgestellt und fragt, ob alle Kinder die mitgebrachten Obst- und Gemüsesorten kennen und ob jemand sagen kann, welches Obst beziehungsweise Gemüse schwimmen und welches sinken würde. Diese Vorgehensweise könnte die Kinder ermutigen, über ihre Vorerfahrungen zu berichten.

## Fokussierung

Der Lehrer merkt, dass die Kinder das Obst und Gemüse bisher nicht unter diesem Aspekt betrachtet hatten, und ermuntert sie, Vorschläge zu machen. Die Obst- und Gemüsesorten werden auf Vorschlag der Kinder in Schwimmer und Nichtschwimmer eingeteilt, zum Beispiel:

- Ein Apfel wird schwimmen, eine Gurke nicht, weil Äpfel rund sind. Obst enthält Luft und schwimmt. Eine Melone wird nicht schwimmen, weil sie zu schwer ist.

Die Kinder werden gefragt, welche Erfahrungen oder Überlegungen ihnen dabei geholfen haben, die jeweilige Kategorisierung zu finden. Der Lehrer regt eine Diskussion über die unterschiedlichen Aussagen der Kinder an und fasst die Ergebnisse der Diskussion zusammen.

Lehrer: Du meinst, die Form (rund) ist wichtig. Das ist eine gute Idee! Meinst du, die Melone schwimmt nicht, weil sie zwar Luft enthält, jedoch nicht genug?

Er macht die Kinder darauf aufmerksam, dass die Ergebnisse der Diskussion eine aufregende Zusammenstellung von Hypothesen darstellen, lobt die Ideen und Hypothesen der Kinder und vermittelt den Kindern das Gefühl, dass sie bereits wertvolles Wissen besitzen, worauf sie aufbauen können. Dadurch entsteht eine Atmosphäre des Selbstvertrauens und die Einsicht, dass der Lehrer sich zurücknehmen muss.

## Herausforderung und Verwirklichung

Die Kinder stellen fest, dass nicht nur die rundförmigen, sondern auch andere Obst- und Gemüseformen schwimmen können. An dieser Stelle ist der Lehrer herausgefordert, mit Vorschlägen und Fragestellungen eine neue Ebene des Forschungsvorhabens zu strukturieren, zum Beispiel durch Anknüpfen an Schüleraussagen:

- H. hat vorhin gemeint, dass Rundformen tiefer ins Wasser hängen. Ist diese Beobachtung irgendwie wichtig? (Regt Problemlösungskompetenz an.)
- Könnten wir prüfen, ob es von Bedeutung ist, wie tief eine Form im Wasser hängt, damit sie schwimmen kann?
- B. hat gemeint, dass die Melone zu schwer sei, um schwimmen zu können. Wie können wir dies prüfen? Erinnert an den Vorschlag eines Schülers, die Melone in eine Wanne zu legen und danach langsam mit Wasser zu füllen, und fragt den Schüler, was er sich dabei gedacht hat. Fragt die anderen Kinder, wie sie den Vorschlag ihres Mitschülers bewerten. (Fördert kollektive Strategien zur Lösung des Problems.)

Mit diesen Fragen wird die Aufmerksamkeit der Kinder in eine Richtung gelenkt, die gut geeignet ist, weitere Erfahrungen zu gewinnen, sich neue Methodenkompetenzen anzueignen, daraus neue Fragen zu entwickeln und nach weiteren Untersuchungsmethoden und Lösungsansätzen zu suchen.

Nun werden die ersten Erfahrungen der Schüler strukturiert, und die Schüler werden daran erinnert, die Parameter zu beachten, damit die Messergebnisse interpretiert werden können (Beachtung wissenschaftlicher Kriterien).

## Evaluieren, Vergleichen, Kategorisieren und Ordnen

Zum Beispiel: Messergebnisse (Melone hängt x cm tief, Wasser im Eimer steigt um y cm) dokumentieren, Ereignisse mit ähnlichen beziehungsweise unterschiedlichen Eigenschaften klassifizieren und in Gruppen zusammenfassen können. Ergebnisse in Wort, Bild und grafischer Form dokumentieren können.

## Schätzen und Voraussagen

Auf der Grundlage von gewonnenen Erfahrungen und Erkenntnissen den Ablauf eines bisher nicht erforschten Ereignisses voraussagen können.

# 6

# Vom Lehrer zum Mentor – Idee einer neuen Schule

*Auch wenn ich weiter keine Fähigkeit besäße, so besitze ich doch zumindest die Fähigkeit zu ständiger Erneuerung der befreiten Sinneswahrnehmung.*

*Fernando Pessoa*

## 6.1 Entwurf eines Curriculums zur Förderung der Vielseitigkeit von Kindern

### Voraussetzungen

Voraussetzung für eine Änderung des pädagogischen Handelns ist eine persönliche Einsichtsveränderung bei Lehrenden und Eltern. Professionalisierung besteht dann darin, dass man bereit ist, die Einstellung zum traditionellen Schulunterricht, der deutlich von akademischen Standards und Zielvorstellungen geprägt ist, zu überprüfen. Für die Lehrenden bedeutet dies, dass Unterrichtspraxis und Erziehungspraxis als integrierte Prozesse betrachtet werden. Unter Erziehung wird hierbei eine Pädagogik verstanden, die fachspezifische Beschränkungen aufzuheben vermag, zugunsten von Konzepten, die Reflexionsvermögen und die Entfaltung der Vielseitigkeit der Kinder fördern. Dies würde jedoch voraussetzen, dass man den Versuch unternimmt, die Kinder und sich selbst im Umgang mit Kindern besser zu verstehen:

- Ich erkenne, dass Aspekte meiner Unterrichtspraxis problematisch sind (persönlich).
- Ich bin bereit, eine neue Methode zu probieren (professionell).
- Ich bin bereit, mich zurückzunehmen (persönlich).
- Ich kann auf die Ideen der Kinder eingehen (professionell).
- Ich fördere die fachspezifischen Kenntnisse (persönlich).
- Mich interessieren die wirklichkeitsnahen Phänomene als Ausgangspunkt meines Handelns (professionell).

Zahlreiche offizielle Lehrpläne betrachten häufig das Lernen als einen geradlinigen Prozess. So werden kaum Möglichkeiten zugelassen, um folgende pädagogische Ansätze zu realisieren:

**Thematische Öffnung:** Zielt auf die Vermittlung von individueller Erfahrung der Lernenden und die Sichtbarmachung der Vielseitigkeit der Welt, damit Lernvorgänge nicht in tradierten fachwissenschaftlichen Grenzen verhaftet bleiben.

**Methodische Öffnung:** Bezieht sich auf die genetische Struktur des Lernens beziehungsweise auf die konstruktivistische Aneignung von Welt.

**Institutionelle Öffnung:** Zielt auf die Einbindung von außerschulischen Erfahrungen in den Unterricht.

Die zentrale Idee unseres Konzepts lässt sich wie folgt zusammenfassen: Unter dem Stichwort Curriculum verstehen wir einen Prozess, der von Lehrenden und Lernenden fortlaufend erarbeitet wird. In unserem Verständnis stellt ein Curriculum Sequenzen von Lehr- und Lernprozessen dar, die Etappen eines sinnstiftenden Lernens wiedergeben. Die Offenheit bedeutet keineswegs Abwesenheit von planvollen Strukturen. Ganz im Gegenteil, wir müssen vielmehr eine sehr genau begründete und strukturierte Vorgehensweise verfolgen, damit ein Sichtwechsel stattfinden und unsere Handlungen als Lehrende mitprägen kann.

# 6.2 Die Merkmale des Curriculums

## Was versteht man unter Planung des Unterrichts?

Unter Planung eines Unterrichts verstehen wir die Auswahl von genau überlegten Aktivitäten, die wir zusammen mit den Kindern durchführen möchten. Bereits hier müssen wir uns im Klaren darüber sein, welche naturwissenschaftlichen Ideen, Konzepte, welche Fertigkeiten wir mit unserer Planung initiieren wollen. Somit werden Lehrer in die Lage versetzt, vertraute Themen, die auch durch den Lehrplan abgedeckt sind, unter neuen Aspekten selbst zu erarbeiten. Dies erfolgt in mehreren Schritten.

### Schritt 1

Lehrer an einer Schule haben in den vorausgegangenen Jahren beispielsweise das Thema „Tiere" in der zweiten und dritten Klasse behandelt. Dadurch sind den Lehrenden wichtige Kategorien (zum Beispiel Lebensraum) und Klassifizierungsmethoden (zum Beispiel wirbellose Tiere) vertraut.

Die Lehrenden berichten nun, wie sie mit diesem Thema ihren Unterricht gestaltet haben. Es wird sichtbar, dass die Unterrichtspraxis *Vorerfahrungen der Kinder* unberücksichtigt gelassen hat. Ebenso sind potenzielle Fähigkeiten und Fertigkeiten der Kinder, den Unterrichtsgang mitzugestalten, nicht angeregt worden.

### Schritt 2

Auf der Grundlage von vorhandenen Konzepten wird nun konkret gezeigt, wie der bisherige Unterrichtsgang ergänzt beziehungsweise verändert werden kann, damit sich die Kinder als aktive „Forscher", „Entdecker" und „Planer" einbringen können.

### Schritt 3

Den Lehrenden leuchtet ein, dass dieselbe Unterrichtseinheit anders gestaltet werden kann. Sie erkennen auch, dass von ihnen bisher angestrebte Lernziele wie „Tierarten klassifizieren" notwendigerweise ergänzt werden müssen, um wichtige Lernziele zu verwirklichen, zum Beispiel: die wissenschaftliche Bedeutung einer Klassifizierung selbstständig erkennen und Methoden einer Klassifizierung entwerfen können.

### Schritt 4

Die Lehrenden entwerfen einen geänderten Unterrichtsplan, besprechen ihn im Team.

### Schritt 5

Die Lehrenden stellen dem Kollegium die Unterrichtseinheit vor, weisen auf die neu eingebrachten Anteile hin und begründen die Abweichungen von der bisherigen Praxis. Wichtige Elemente des neuen Konzepts werden somit von anderen Kollegen schnell erfasst, zumal sie schon Erfahrungen mit der Unterrichtseinheit besitzen.

Die konzeptionellen Merkmale der oben geschilderten Vorgehensweise werden im Folgenden näher beschrieben.

*Bisher:* Die Lehrenden haben das Thema Pflanzen mit der zweiten und der dritten Klasse durchgenommen. Sie haben zum Beispiel Bedingungen des Aufwachsens durchgesprochen. Allerdings haben sie diesen Aspekt nicht unter dem Blickwinkel von Fragestellungen betrachtet wie etwa:

- Lebt eine Pflanze wirklich? Können wir dies erforschen?
- Ist Licht für die Pflanze eine Art Nahrung?

Die Ergänzung dieser Fragestellungen führt zu den folgenden Vorgehensweisen:
- Der Lehrer bringt Pflanzen (aus Kunststoff und natürliche), verteilt beide Exemplare an Kinder und fordert sie auf herauszufinden, mit welchen Merkmalen die Pflanzen voneinander unterschieden werden können.
- Kinder antworten zum Beispiel: Die aus Kunststoff kann nicht verwelken, auch nicht wachsen. Sie sieht im Winter und Sommer gleich aus.
- Es wird sichtbar, dass die Kinder dabei sind, die Charakteristika des Lebendigen intuitiv zu erfassen
- Mit der Bemerkung, dass die Kunststoffpflanze vielleicht wachsen könne, wenn man sie in die Erde pflanzt, lassen sich die Kinder nun ermuntern, Reflexionen anzustellen. Sie werden sich aufgefordert fühlen, Voraussagen darüber zu machen, was die eine Pflanze wirklich braucht und warum die andere nicht. Bereits hier findet eine Überleitung zum Handeln statt, das heißt Vermutungen experimentell zu überprüfen.

## Sinnvolle Unterrichtsplanung impliziert Flexibilität

Das Konzept geht davon aus, dass der Unterricht nicht in allen Verzweigungen geplant werden kann, zumal die Spontaneität und der Ideenreichtum der Kinder eine Änderung des ursprünglich Geplanten herausfordern können. Der Unterrichtsgang kann somit einen Verlauf nehmen, der von Kinderfragen und Kindervorstellungen geprägt ist. Doch diese möglichen Abweichungen können den Lehrenden wertvolle Erfahrungen und Einblicke in die Denkmechanismen der Kinder vermitteln. Ein Beispiel aus dem Unterricht einer Modellschule:

Kinder und Lehrerin hatten sich entschieden, das Thema „Tiere im Winter" zu behandeln. Nachdem sie mehrere Unterrichtsstunden mit der Entwicklung dieser Thematik hinter sich gebracht hatten, wurde die Aufmerksamkeit der Lehrerin plötzlich auf ein Bild gelenkt, das ein Kind gemalt hatte. Danach nahm der Unterricht einen anderen Fortgang. Im Folgenden kann man nachlesen, wie ertragreich es war, dass die unterrichtende Lehrerin es zuließ, zusammen mit den Kindern ein neues Forschungsvorhaben zu planen und durchzuführen.

**Maulwurfshügel**
Ein Schüler hat einen Maulwurfshügel auf sein Sommerbild gemalt.

Frage: Warum hast du auf das Winterbild keinen Maulwurfshügel gemalt?

Daraus ergibt sich die Frage: *Gibt es im Winter Maulwurfshügel? Was machen die Maulwürfe im Winter?*

Einige Kinder meinen, dass sie frische Maulwurfshügel im Garten gesehen haben, andere haben nur alte gesehen. Manche meinen, dass der Maulwurf Winterschlaf macht. Aber genau weiß es niemand. Die Kinder wollen in Büchern zuhause nachsehen.

Einige Kinder haben sich über den Maulwurf informiert und berichten beziehungsweise fragen:

• Im Winter gefriert der Boden. Deshalb sammelt der Maulwurf im Sommer Nahrung und bringt sie unter die Erde, um im Winter davon zu fressen.

- Er frisst Würmer, Äpfel, Schnecken, Krabbeltiere (auf Nachfrage sind kleine Käfer gemeint), von den Pflanzen die Grashüpfer.
- Sucht der Maulwurf seine Nahrung auch über der Erde oder nur unter der Erde?
- Neue und alte Hügel kann man unterscheiden: Alte haben festere Erde, neue haben ganz lockere Erde.
- Machen sie Hügel, damit sie Luft bekommen?
- Machen sie Pflanzen kaputt?

Drei Kinder haben schon mal einen Maulwurf gesehen.

- Es sind nachtaktive Tiere.
- Sie haben Angst vor Menschen, vor großen Tieren, Hunden, Katzen.
- Der Maulwurf macht keinen Winterschlaf, weil er ja Würmer tief unter der Erde hat. Die gehen nämlich auch weiter nach unten, wenn es kalt wird.

Ein Schüler stellt ein Buch vor und erzählt unter anderem, dass der Maulwurf nach drei Stunden ohne Futter stirbt. Bücher mit Informationen über den Maulwurf von Kindern und aus der Bibliothek liegen jetzt auf einem Büchertisch, der während der Freiarbeit zur Verfügung steht.

Die Lehrerin schlägt den Kindern vor, über den Maulwurf etwas zu schreiben und zu malen. Einige fangen sofort an, eifrig zu schreiben und zu malen.

## Unterrichtsplanung bedeutet auch, Bewusstheit über die zu erreichenden Kompetenzen zu erlangen

Dies beinhaltet die Überlegungen, welche Schritte die Kinder unternehmen werden, um zum Beispiel die Essgewohnheiten der Schnecke festzustellen oder um herauszufinden, ob die Schnecke lieber trockene oder feuchte Umgebung mag und warum. Die Lehrenden werden bei der Vorbereitung bereits darüber nachdenken, dass es hierbei um wissenschaftliche Kategorien wie „Stimuli" beziehungsweise „Reaktion gegenüber Umweltbedingungen" geht.

## Planen beinhaltet das Nachdenken über Fertigkeiten (Kompetenzen), die Kinder bei der Arbeit erlangen beziehungsweise erweitern können

Bei allen Vorhaben sind wir darauf bedacht, dass Kinder bei ihren Forschungsaufgaben wissenschaftliche Kriterien anwenden, mit dem Ziel des Erwerbs von universellen, übertragbaren Kompetenzen wie zum Beispiel:

- Beobachten,
- Vergleichen,
- Evaluieren,
- Schlussfolgern,
- Schätzen,
- Ordnen von Daten,
- Berichten.

Dies sind einige wichtige Operationen (Qualifikationen) bei einer naturwissenschaftlichen Vorgehensweise zur Erforschung einer Fragestellung. Bei der Unterrichtsvorbereitung wird es auch darum gehen, schon im Voraus darüber nachzudenken, welche Operationen bei der geplanten Aktivität beachtet werden sollten. Dies kann mithilfe einer Planungsliste geschehen, die wie folgt aussehen könnte:

**Planungsliste**
- Was beabsichtige ich beispielsweise mit der Wahl der Thematik „Elektrizität" oder „Ökosystem"? (Bewusstwerden über die Zielsetzung.)
- Welche naturwissenschaftlichen Zusammenhänge werden die Kinder mithilfe dieser Thematik erkennen können? (Naturwissenschaftliche Kontexte genau erfassen und sich gegebenenfalls Klarheit darüber verschaffen.)
- Welche Fertigkeiten der Kinder könnten eventuell durch diese Aktivität sichtbar werden, und welche neuen Erkenntnisse könnten sie erwerben? (Reflexion über die individuel-

len Fähigkeiten der Kinder, Überlegung zur Zusammensetzung der Gruppen.)

- Welche Aktivitäten könnten die Kinder selbstständig durchführen? (Planung der Aktivitäten in einer sinnvollen Abfolge der Intervention von Lehrenden und der Ermutigung der Kinder zum selbstständigen Handeln.)
- Welche Materialien werden für die Aktivität benötigt? (Besorgen von notwendigen Materialien; Überlegung zur Entwicklung von Materialen in Zusammenarbeit mit den Kindern; Überlegungen anstellen, welche Alltagsgegenstände zur Durchführung von Experimenten benutzt werden könnten.)
- Welche Rolle werde ich als Lehrende übernehmen können, um den Kindern neue Erfahrungen als Forscher zu vermitteln? (Nachdenken über die eigene Rolle als Mentor statt Unterweiser.)
- Wie kann ich feststellen, ob die Kinder wirkliche Fortschritte erzielt und was sie tatsächlich gelernt haben? (Gewahrwerden über die Besonderheiten jedes einzelnen Kindes im Kontext von Evaluierung der Fortschritte der Kinder; sich Klarheit über Methoden der Evaluierung verschaffen.)
- Wie werde ich Zusammenhänge zwischen schulischem Lernen und der Alltagswelt der Kinder herstellen können? (Aufmerksam die Kommentare und Reflexionen der Kinder zur jeweiligen Thematik registrieren; auf sprachliche Ausdrucksmöglichkeit der Kinder achten und selbst eine Sprache wählen, die dem Verständnisniveau des Kindes angemessen ist.)

Die Planungsliste könnte mit einer Checkliste ergänzt werden. Diese könnte wie folgt aussehen:

| Checkliste | ja | nein | andere |
|---|---|---|---|
| Das Vorhaben geht auf Kinderfragen zurück. | | | |
| Das Vorhaben berücksichtigt unterschiedliche Lernfähigkeiten, Interessen und Bedürfnisse der Kinder. | | | |
| Das Lernvorhaben ermöglicht besseres Erkennen von Fähigkeiten und Fertigkeiten der Kinder. | | | |
| Das Lernvorhaben verlangt Diskussion, Evaluation von Daten, Darstellung von Ergebnissen und Interpretationen. | | | |
| Für die Realisierung sind alle notwendigen Materialien ausreichend vorhanden. | | | |
| Das Vorhaben trägt dazu bei, bereits bekannte Zusammenhänge unter neuen Aspekten zu sehen. | | | |
| Das Vorhaben beruht auf einem entdeckenden Lernen. | | | |
| Das Vorhaben enthält Aspekte aus unterschiedlichen Bereichen der Naturwissenschaften. | | | |
| Das Vorhaben setzt voraus, dass ich alle relevanten fachimmanenten Begriffe und Sachzusammenhänge kenne. | | | |
| Mir fehlen noch Kenntnisse. | | | |
| Ich weiß, wie und wo ich die Defizite ausgleichen könnte. | | | |
| Ich fühle mich sicher bei der Durchführung des Vorhabens. | | | |
| Über Schwierigkeiten, Verzweigungen, die bei der Realisierung des Vorhabens eventuell auftauchen könnten, habe ich mir Gedanken gemacht. | | | |

# Protokoll einer Fortbildung

Folgendes Dokument aus einer Schule mag in Ansätzen verdeutlichen, wie die konzeptionellen Ziele angenommen und als realisierbar strukturiert werden.

Es handelt sich hierbei um ein Protokoll einer Lehrerin anlässlich einer Fortbildungsveranstaltung.

**Fortbildung mit Dr. Salman Ansari, 8. Oktober 2006**

1. Reflexion der Unterrichtsstunden zum Thema „Lebensraum – Schnecken" in den Klassen 3 und 5 – Hinweise zur Fortsetzung der Unterrichtsreihe
2. Wärmeleitung und Wärmeisolation – Ideen für die Weiterführung der Unterrichtsreihe „Wärme" in den Klassen 4 und 6

**Reflexion der Unterrichtsstunden zum Thema „Lebensraum – Schnecken" in den Klassen 3 und 5 – Hinweise zur Fortsetzung der Unterrichtsreihe**

- Schüler sind sehr interessiert, weisen auf Veränderungen in den Terrarien hin, beobachten das Geschehen in den Terrarien aufmerksam über die gesamten zwei Wochen hinweg, bringen zusätzliches Material mit (Bücher, Internetausdrucke etc.).
- Während der Forscherstunden arbeiten die Schüler interessiert mit, die Gespräche in den Gruppen sind meist zum Thema.
- Bei der Auswertung der Versuche zeigte sich, dass einige Schüler die Versuchsdurchführung und damit verbunden die gewonnenen Erkenntnisse kritisch hinterfragten und Anregungen zur Umgestaltung der Versuchsdurchführung zur Diskussion stellten.

Dr. Salman Ansari: die Anregungen der Kinder aufgreifen und die entsprechenden Versuche unter veränderten Bedingungen erneut durchführen und auswerten, den Begriff „Kontrollversuch" einführen.

- Die Eingangsstunde „Unterschiede und Gemeinsamkeiten von Tier und Pflanze" wird als „etwas zäh" beschrieben.

Dr. Salman Ansari: eventuell die Überlegungen der Schüler nicht wie in dieser Stunde auf Zettel schreiben und dann an der

Pinnwand zuordnen lassen, sondern die Überlegungen der Kinder von ihnen selbst auf Folie festhalten und anschließend im Plenum präsentieren lassen und zur Diskussion stellen.

**Wärmeleitung und Wärmeisolation – Ideen für die Weiterführung der Unterrichtsreihe „Wärme" in den Klassen 4 und 6**

- Wassergefüllte Reagenzgläser mit verschiedenfarbigem Papier umhüllen und bestrahlen (Wärme) – alternativ mit schwarzem und weißem Papier und Alufolie umhüllen, die Reagenzgläser bestrahlen und die Erwärmung des Wassers mit Thermometern messen und dokumentieren.
- Verschiedene Stoffe bestrahlen: Erde, Sand, Plastik, Glas – die Erwärmung mit Thermometern messen. (Wie schnell erwärmen sich die Stoffe?)

Ohne viel Material- und Zeitaufwand umsetzbare Ideen und Anregungen zum experimentellen und beobachtenden Lernen mit den Kindern:

- Gemeinsam die Töpfe in der Lehrküche anschauen – aus welchem Material sind sie gefertigt und warum?
- Die Griffe der Töpfe anschauen und untersuchen – aus welchem Material sind sie gefertigt? Warum wird bei einigen Töpfen ein „Handschuh" (Schutz der Hände vor Verbrennungen) mitgeliefert?
- Worauf stellen wir heiße Töpfe? Welches Material ist als Unterlage geeignet und warum?

Problemstellung: Der Lehrer möchte eine Tasse Tee trinken. Der Tee muss deshalb schnell abkühlen! Aus welchem Material sollte die Teetasse gefertigt sein (Keramiktasse, Metalltasse, …)? Die Kinder sollten ihre Vorschläge begründen!

## Unterrichtsskizze „Lebensraum"

---

**Konzept Lebensraum – Unterrichtsskizze**

### 1. Überblick über die gesamte Unterrichtseinheit

- Gegenüberstellung: Pflanze / Tier
- „Wir bauen ein Mini-Ökosystem"
- Der Einfluss ausgewählter Faktoren auf das Ökosystem: Wir planen eine Versuchsreihe: Lebensbedingungen von Mehlwürmern
- Wir beobachten und dokumentieren unsere Versuchsreihe

### 2. Unterrichtssequenzen: didaktische und methodische Hinweise

Erste Unterrichtssequenzen: Gegenüberstellung: Pflanze / Tier
Gemeinsamkeiten und Unterschiede

Methodische Empfehlung Ansaris: Die Schüler sollen in Einzelarbeit ihre Überlegungen notieren. Anschließend die Überlegungen im Unterrichtsgespräch an der Tafel sammeln und strukturieren.

| Pflanze | Tier |
|---|---|
| Wachstum ||
| Bewegung ||
| Vermehrung ||
| Nahrungsaufnahme ||
| Tod / Sterben ||
| | Schmecken |
| | Hören |
| | Verwertung von Nahrung (Ausscheidung) Stoffwechselprozesse |
| | Sehen |
| | Fühlen |

Leitfrage für weitergehende Überlegungen: Welche Dinge lassen sich näher untersuchen? – Planung einer Versuchsreihe

- Schmecken
- Hören
- Verwertung von Nahrung
- Sehen
- Fühlen

Unterrichtsgespräch / Tafelanschrieb: methodische Leitfragen: Was wollen wir untersuchen? Wie wollen wir dabei vorgehen? Wie dokumentieren wir unsere Beobachtungen? (Zeichnung, Beschreibung, ...)

Zweite Unterrichtssequenz: „Wir bauen ein Mini-Ökosystem"

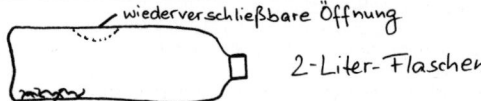

Dritte Unterrichtssequenz: Der Einfluss ausgewählter Faktoren auf das Ökosystem: Wir planen eine Versuchsreihe: Lebensbedingungen von Mehlwürmern

Die Überlegungen aus der ersten Unterrichtssequenz werden aufgegriffen und weitergeführt. Die Schüler richten ihre Mini-Ökosysteme ein (s.u.), fertigen Skizzen ihres Versuchsaufbaus an, stellen Vermutungen über den weiteren Verlauf auf, dokumentieren schriftlich und/oder zeichnerisch ihre Beobachtungen, gleichen ihre Vermutungen mit den Beobachtungen ab und stellen ihre Ergebnisse im Plenum vor.

• Lichtreaktion bei Mehlwürmern:

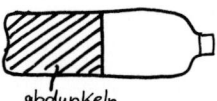

• Nahrungsvorlieben von Mehlwürmern:

• Temperaturreaktion von Mehlwürmern:

• Reaktion der Mehlwürmer auf Feuchtigkeit bzw. Trockenheit:

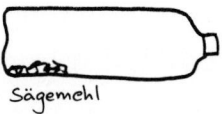

### 3. Vermutungen überprüfen

Die Beobachtung von Tieren sollte immer mit einer Zielsetzung verbunden werden – nicht einfach eine Ameise beobachten und dann zeichnen (zu kleinschrittig), sondern die Kinder beobachten Ameisen mit dem Ziel herauszufinden, welche Nahrung sie bevorzugen, ... der Körperbau wird quasi nebenbei erfaßt.

Versuchsreihe planen, Beobachtungen schriftlich / zeichnerisch dokumentieren
Experten befragen
nach Informationen in Fachbüchern, im Internet, etc. suchen

### 4. Auswertung der Versuchsreihe – Anwendung

Welches sind geeignete Maßnahmen zum Schutz der roten Waldameise?
Mit welchen Lockstoffen sollten Ameisenfallen „arbeiten"?

---

### Lernziele – Skizze

Lernziele (kognitiv): Die Schüler sollen ...
- den Begriff Lebensraum inhaltlich erfassen, indem sie die Lebensbedingungen von Mehlwürmern, Schnecken, ... untersuchen (Nahrungsgewohnheiten, Lichtreaktion, Kälte/Wärme-Reaktion, ...

Lernziele (methodisch): Die Schüler sollen ...
- methodische Vorgehensweisen des naturwissenschaftlichen Arbeitens bzw. der Erkenntnisgewinnung kennenlernen und anwenden
- eine eigene Versuchsreihe planen, aufbauen und ihre Beobachtungen zeichnerisch bzw. schriftlich dokumentieren
- sollen in Kleingruppen ihre Ergebnisse und Beobachtungen diskutieren, eine Präsentation gemeinsam planen, vorbereiten und durchführen

Lernziele (affektiv): Die Schüler sollen ...
- die Regeln zum Umgang mit lebenden Tieren beachten
- Freude und Interesse an naturwissenschaftlichen Fragestellungen und Arbeitsweisen gewinnen

# 7
# Unterrichtsbeispiele aus dem Kindergarten

*Nichts ist schrecklicher als ein Lehrer, der nicht mehr weiß, als das, was die Schüler wissen sollen.*

*Johann Wolfgang von Goethe*

*Das Schönste, was wir erleben können, ist das Geheimnisvolle.*

*Albert Einstein*

## 7.1 Löwenzahn

### Lernziele und Vorüberlegungen

Kinder lernen Wachstumsbedingungen für Pflanzen kennen. Sie suchen nach Kriterien zur Unterscheidung zwischen Bäumen, Pflanzen und Pilzen. Sie untersuchen, ob alle Pflanzen die Sonne als Nahrung brauchen. Sie überlegen, was sie selbst als Nahrung brauchen und ob die Pflanzen die Quelle der Ernährung für Mensch und Tier sind. Sie stellen sich vor, was geschehen würde, wenn Pilze die toten Bäume nicht beseitigten. Sie erfahren, dass Pilze Lebensräume für Kleinlebewesen schaffen, indem sie die harte Baumrinde beseitigen, damit sich andere Lebewesen darin einnisten und ihren Lebensraum finden können. Sie machen Bekanntschaft mit den Lebensgewohnheiten von Bienen, Laufkäfern, Spinnen, Ameisen und Asseln.

Heute habe ich wieder eine Verabredung mit dem Kindergarten. In der Umgebung des Kindergartens gibt es Wiesen und ein Waldstück. Es ist März, und der Löwenzahn hat bereits überall gelbe Brände entfacht. Ich werde einige Löwenzahnblätter, Blüten und die Pusteblume samt Wurzeln zum Kindergarten mitnehmen. Die Kinder werden einiges über diese sonderbare Pflanze wissen und zu erzählen haben. Vielleicht wird es mir gelingen, ihre Aufmerksamkeit auf die Wachstumsbedingungen des Löwenzahns zu lenken. Die Kinder werden herausfinden, dass die Pflanze viel Sonnenlicht braucht, denn sie wächst nirgends, wo sehr viel Schatten ist. Vielleicht werden sie entdecken, dass die Blätter der Pflanzen tief am Boden hängen, und ich könnte sie dazu ermuntern zu überlegen, ob dies von Vorteil für die Pflanze ist. Ich werde einige Pflanzen mit dabei haben, deren gelbe Blüten noch nicht aufgegangen sind, denn um diese Tageszeit ist es noch nicht warm. Ich erwarte, dass es im Kindergarten wärmer ist und, während wir uns unterhalten, die geschlossenen Blüten nach und nach aufgehen. Vielleicht entdecken die Kinder, dass in der Pusteblume viele Samen sind. Wenn Zeit bleibt, werden wir die tief in der Erde fest verankerten Wurzeln der Pflanze betrachten, diese mit anderen Pflanzen vergleichen und uns überlegen, ob der Löwenzahn dadurch irgendwelche Vorteile hat. Wir werden die Blüten sanft pressen und sehen, was dann zum Vorschein kommt. Und natürlich werden wir uns darüber unterhalten, wie gerne viele Tiere den Löwenzahn verspeisen und dass Menschen ihn in ihrem Salat mögen. Ich erwarte, dass wir uns außerdem mit der Frage beschäftigen werden, ob Löwenzahn eine Pflanze ist und somit einige Ideen der Kinder über die Kategorie Pflanze zur Sprache bringen. Aber als Erstes wollen wir uns über seinen Namen Gedanken machen und uns dann mit weiteren Forschungsaufgaben beschäftigen. Diese werden sich im Prozess des Dialogs mit den Kindern oder durch Fragestellungen meinerseits, die vielleicht für die Kinder stimulierend wirken könnten, ergeben. Dabei möchte ich keinen Fachbegriff benutzen oder ein vorausgedachtes Experiment einsetzen.

# Hintergrundwissen und wissenschaftliche Befunde

Erst nachdem die Zusammensetzung der Luft entdeckt wurde, erkannte man, dass die Pflanzen ohne Licht den Hungertod erleiden. In einem komplizierten Umwandlungsprozess, an dem Kohlendioxid, Wasser, geringfügige Mengen von Mineralien und Chlorophyll beteiligt sind, wird mithilfe des Lichtes die gesamte Substanz der Pflanzen synthetisiert. Chlorophyll ist ein Organell der Pflanzenzelle, dessen chemischer Aufbau bedingt, dass es grün erscheint. Es ist vergleichbar mit einer Solarzelle und vermag aus kleinen Molekülen (Kohlendioxid, Wasser) und Mineralien größere Moleküle wie Glukose, Stärke und Zellulose zu produzieren. Im ersten Schritt der sogenannten Fotosynthese wird Glukose aufgebaut. Stärke und Zellulose entstehen durch eine mehrmalige „Verkettung" von Glukoseeinheiten mit sich selbst. Bei der Bildung von Glukose wird ein Teil der Sonnenenergie im Molekül gespeichert, gleichsam wie in einem Safe verschlossen.

Die grünen Pflanzen sind somit die Produzenten von organischen, mit Energie beladenen Stoffen. Während die Pflanzen ihre Aufbaustoffe, ihren gesamten Körper also, selbst produzieren, müssen andere Lebewesen, die kein Chlorophyll enthalten, wie zum Beispiel Pilze, sich von organischen Stoffen ernähren.

Die wichtigsten Energiequellen für Mensch und Tier werden also aus einem einzigen Molekül (Glukose) synthetisiert. Glukose ihrerseits besteht selbst aus lediglich drei Elementen, nämlich Wasserstoff, Sauerstoff und Kohlenstoff. Der Natur gelingt es, aus wenigen Bausteinen eine ungeheure Vielfalt zu erzeugen. Dieses Prinzip wiederholt sich auch bei dem Aufbau von vielen Biomolekülen, etwa den Aminosäuren, die Proteine bilden. Die Vielfalt der Natur zeigt sich zum Beispiel darin, dass von unzähligen Blättern eines Baumes niemals zwei identisch sind. Alle Menschen sehen anders aus, obwohl alle zwei Ohren, zwei Augen, eine Nase, einen Mund usw. besitzen.

Die in den Bausteinen der Pflanze gespeicherte Energie wird wieder frei, wenn Stärke von Mensch und Tier mithilfe von einem Enzym abgebaut und verbrannt wird. Sie steht somit zur Verfügung, zum Beispiel für die Einhaltung von Körpertemperatur, für alle im Körper ablaufenden Stoffwechselprozesse, für das Wachstum des Körpers, für die Bewerkstelligung von körperlicher Bewegung und alle Arten von Tätigkeiten, für die die Menschen Kraft benötigen. Diejenigen Anteile der Energie, die Menschen über die Nahrung freisetzen und nicht unmittelbar umsetzen können, werden gebraucht, um andere Moleküle, etwa Fettmoleküle, zu synthetisieren, die im Körper abgelagert werden und bei Bedarf auch als Energielieferant dienen können.

Der mit der Atmung aufgenommene Sauerstoff besorgt die Verbrennung von Stärke beziehungsweise Glukose, wobei Kohlendioxid, Wasser und Energie frei werden. Während Menschen Stärkemoleküle zerlegen beziehungsweise abbauen können, stehen ihnen im Gegensatz zu den Tieren keine Enzyme zur Verfügung, um Zellulosemoleküle zu „knacken". Sonst wären vermutlich viele Wälder längst kahl gefressen.

Kinder brauchen die wissenschaftlichen Gründe nicht zu wissen. Sie können jedoch herausfinden, dass das Licht eine bedeutende Quelle der pflanzlichen Nahrung ist. Zahlreiche, von Kindern nachvollziehbare, über alltägliche Erfahrung zugängliche Phänomene können ihnen dabei helfen, die Bedeutung des Lichtes für das Wachstum der Pflanzen zu erkennen, zum Beispiel:

Bevor die Bäume sich zu belauben beginnen, kann man im Frühjahr die Vorboten des Frühlings am Waldboden entdecken. Wenn sich die Bäume erst einmal belaubt haben, wird diesen die Nahrung entzogen. Nun haben die Pflanzen die besten Überlebenschancen, die gelernt haben, sich auf schnell wachsende Pflanzen zu legen und diese dazu zu benutzen, das Licht zu empfangen. Hier ist die Rede von Kletterpflanzen. All diese beobachteten Phänomene lassen uns das Licht als die eigentliche Nahrung der Pflanze erkennen. Um das Licht optimal auszunutzen, mussten die Pflanzen ein Blattwerk entwickeln, das das Licht optimal zu nutzen vermag. Dies gelingt den Bäumen am besten.

Denn ihr Körper kann die Knospen an die richtigen Stellen tragen, nämlich nach oben. Andere Pflanzen, wie Sträucher oder Kräuter, müssen dagegen Jahr für Jahr ihren gesamten Körper aus unterirdisch gespeicherten Organen oder Samen neu aufbauen. Der Löwenzahn hat große Blätter, die nahe am Boden wachsen und somit andere Pflanzen beschatten und am Wachsen hindern. Seine Blätter enthalten eine Vielzahl von Chlorophyllkörnern, und seine sich tief in die Erde bohrenden Wurzeln können gut überwintern, indem sie Reservestoffe speichern. Löwenzahn zählt zwar zu den sogenannten Unkrautpflanzen, hat jedoch vielfältige Eigenschaften. Seine heilende Kraft ist anerkannt. Die Pflanze enthält einen milchigen Saft, den man zur Herstellung von Wein benutzen kann. Seine langen Wurzeln kann man trocknen, fein zermahlen und als Kaffeeersatz benutzen usw.

## Im Kindergarten

Auf einem Tisch liegen nun die Pflanzen.

Die Kinder betrachten sie und wollen auch gleich mit ihrem Wissen loslegen. (Es handelt sich hier um eine starke Verkürzung des Gesprächs.)

Frage: Warum heißt Löwenzahn nicht Elefantenzahn?
- Weil es Löwenzahn heißt.

Ein Kind zeigt auf das grüne Blatt des Löwenzahns.
Frage: Sehen die Zähne des Löwen so aus? Wer hat die Zähne des Löwen schon einmal gesehen?

Kinder berichten von ihrem Zoobesuch. Sie betrachten genau die Pusteblume, die gelbe Blüte und das gezackte Blatt des Löwenzahns. Sie entdecken, dass eine gelbe Blüte, die vorher zu war, nun aufgegangen ist.
Frage: Warum ist sie aufgegangen?
- Weil sie keine Kälte mag. Im Kindergarten ist es warm, daher ist sie aufgegangen.
- Sie beschützt ihre Samen, dann geht sie zu usw.

Frage: Und die Pusteblume?
- Sie pustet der Wind weg und bringt die Samen überall hin.

Frage: Warum wächst kein Löwenzahn im Wald?
- Weil er nur auf Wiesen wächst.
- Weil auf dem Waldboden Blätter sind.
- Weil unter den Bäumen Schatten ist.

Frage: Schau dort, wo auf der Wiese Löwenzahn ist, sieht man keine anderen Pflanzen! Warum?
- Weil sie den Löwenzahn nicht mögen.
- Weil sie woanders wachsen.
- Weil die langen Blätter sie beschatten, wie die Bäume im Wald.

Frage: Warum braucht der Löwenzahn das Licht?
- Weil Pflanzen Licht brauchen.

Frage: Aber nachts ist doch kein Licht da, oder?
- Dann schlafen die Pflanzen und brauchen kein Licht.
- Die Wurzeln brauchen kein Licht.

Frage: Wie meinst du das?
- Die Wurzeln sind in der Erde, weil sie kein Licht brauchen, die Pflanzen sind über der Erde, weil sie Licht brauchen.

Die Kinder betrachten die langen Wurzeln der Pflanze und vergleichen sie mit den Wurzeln anderer Pflanzen, die in der Umgebung wachsen. Wir überlegen uns, ob die Pflanzen im nächsten Frühling wieder an der gleichen Stelle wachsen würden, wenn man sie jetzt abschneiden würde. Es wird überlegt, wie man dies überprüfen könnte. Die Kinder bringen gute Vorschläge vor. Wir beschließen, eine Pflanze auf der Wiese mit Steinen einzugrenzen und sie dann bis zum Boden vollständig abzuschneiden. Im nächsten Frühling könnte man dann sehen, ob die Pflanze dort wieder wächst.

Im Verlauf von wenigen Tagen haben wir eine ganze Menge Forschungsaufgaben erledigt:
- Ist Löwenzahn eine Pflanze?
- Warum heißt Löwenzahn nicht „Elefantenzahn"?
- Warum wächst der Löwenzahn nicht im Wald, sondern auf den Wiesen?
- Braucht Löwenzahn Wasser, und wie bekommt er das Wasser?
- Auf einer Wiese wächst der Löwenzahn sehr hoch und auf einer anderen bleibt er klein. Warum ist das so?
- Nachts geht die Blüte des Löwenzahns zu. Hat sie Angst vor der Dunkelheit?
- Es gibt Wiesen, wo außer dem Löwenzahn keine anderen Pflanzen zu sehen sind. Ist das nicht sonderbar?
- Im Wald gibt es Stellen, wo Kräuter wachsen. Doch sie verschwinden, sobald die Bäume sich zu belauben beginnen. Warum ist das so?
- Löwenzahnhonig kann man bekommen, indem man die Blüten mit Zucker kocht.
- Bekommt man Bienenhonig, wenn man die Bienen kocht?
- Es gibt Waldhonig. Haben Waldbäume auch Blüten?

## 7.2 Sind Pilze auch Pflanzen?

### Lernziele und Vorüberlegungen

Kinder wissen, wie abgefallene Baumstämme oder modernde Zweige aussehen. Sie sollen nun etwas bewusster das Aussehen der toten Bäume oder der abgefallenen Zweige mit den gesunden Bäumen vergleichen. Ich möchte, dass sie die äußerste Verkleidung (Borke) eines gesunden Baumes genau betrachten und befühlen. Sie werden ihre Festigkeit entdecken. Sie werden ebenso die äußerste Schicht eines toten Baumes betrachten und deutlich erkennen können, wie diese abzublättern beginnt und vielfach angefressen und überwuchert von Pilzen ist. Sie werden beobachten können, wie es unter der brüchig gespaltenen Rinde eine Schicht gibt, die luftig und durchlöchert ist. Man kann sie mit bloßer Hand zerbröseln. Sie werden wahrnehmen können, dass in den porösen Räumen dieser Schicht viele kleine Lebewesen ein Zuhause gefunden haben. Sie werden erkennen können, dass moderndes Holz Wasser ansaugen und somit vom Austrocknen verschont bleiben kann. Gleiche Zusammenhänge werden sie auch an kränkelnden Bäumen finden können. Sie werden beim genauen Hinsehen feststellen können, wie im Holzwerk richtige Bohrgänge vorhanden sind, so dass insgesamt das Innenholz des kranken Baumes brüchig und wie vermodert aussieht. Mit einer Lupe werden sie vielleicht in dieser luftigen Hülle feine Röhren ausfindig machen und ihre Funktion erkennen können, denn selbst der kranke Baum hat noch Blätter und Zweige. Diese müssen mit Wasser und Mineralien versorgt werden. Später, wenn sie in der Schule sind, werden sie vielleicht die Möglichkeit erhalten zu entdecken, dass die Hauptnahrung des Baumes ebenfalls durch feine Röhren zum ganzen Körper des Baumes geleitet wird. Sie werden feststellen können, dass Moos und Pilze sich von der Baumsubstanz ernähren und selbst dort wuchern, wo kein Licht mehr hinkommt.

Vor einem Tag waren wir im Wald. Die Kinder konnten sehen, dass viele Äste im Dickicht, wohin kein Licht kam, stark von Pilzen und Moos überwuchert waren. Ich habe einige davon herausgeholt. Alle sind dicht von Pilzen bedeckt, und in ihrem Innenraum ist ein lebendiger Mikrokosmos von vielen kleinen Lebewesen. Im Kindergarten werden wir diese Stücke genauer untersuchen. Vielleicht werden wir uns zu folgenden Forschungsaufgaben entschließen können:

– Fressen die Pilze die Baumrinde von kranken und abgefallenen Hölzern auf? Sind Pilze Lebewesen? Sind Pilze Pflanzen?
– Schaffen Pilze Lebensräume für Kleinlebewesen?
– Wie sind im Gehölz des toten Baumes Bohrgänge entstanden?
– Dienen die unter der Rinde liegenden weichen Teile des toten Baumes als Nahrung von Kellerasseln, Laufkäfern, Borkenkäfern, Tausendfüßlern usw.?
– Überwintern die Kleinlebewesen in den Gängen dieses Holzwerkes?
– Und wenn der Baum in Millionen kleinster Teile zerfallen ist, wird er dann zu Humus? Dient er also dazu, das Wachstum von jungen Bäumen zu fördern?
– Was suchen die Spinnen im toten Baum?
– Wir beobachten Brotschimmel. Kann Brot auch im Dunklen verschimmeln?
– Wir betrachten Sporen unter einer Lupe. Wo kommen die Sporen her?
– Wir stellen Schimmelkäse her.
– Ist ein Kaktus ein Pilz?

## Hintergrundwissen

Im Wald kann man oft Bäume sehen, deren Rinde nicht mehr geschlossen ist. Das Innenholz ist verfault. Einige haben sogar so große Höhlen, dass man hineinkriechen kann. Andere sind von Löchern durchsetzt. Auf der Borke anderer Bäumen sitzen wiederum riesige Pilzwesen oder lugen aus der Rinde des Baumes heraus. Obwohl die Bäume noch stehen, sind sie doch entweder krank oder bereits tot. Die kranken Bäume versorgen noch ihre Blätter mit Wasser und Mineralien und halten die Fotosynthese eine Weile lang weiter in Gang. Viele Pflanzenfresser können jedoch die äußerste Schicht eines gesunden Baumes, bestehend aus Lignin und Zellulose, nicht angreifen beziehungsweise verdauen. Für sie sind die unter der Borke liegenden Hölzer eine gute Nahrungsquelle. Wenn ein Baum bereits Spalten in der Rinde hat, dann können die kleinen Pflanzenfresser in die unteren Schichten, also in Bast und Kambium, eindringen. Die Sporen von Pilzen werden von Kleinlebewesen in das Innere des Baumes geschleppt. Pilze können die Zellulose angreifen und sie so weit abbauen, dass sie sich davon ernähren können. Irgendwann bahnen sie ihren Weg durch die Rinde nach außen, um ihre Sporen zu verteilen. Mit diesem Vorgang setzt das Sterben des Baumes seinen langsamen Gang fort. Pilze besitzen kein Chlorophyll, daher können sie auch nicht über die Fotosynthese ihre Nahrung aufbauen. Sie brauchen deshalb auch kein Sonnenlicht. Der Borkenkäfer schleppt ebenfalls die Pilzsporen in die Bohrgänge. Darin gedeihen die Pilze und bauen ihren Fruchtkörper aus, der dann den Larven des Borkenkäfers als Nahrung dient. Die kranken beziehungsweise toten Bäume dienen unzähligen Kleinlebewesen als Nahrung und Heim, auch zum Überwintern. Fliegen und diverse Käfer leben so geschützt von Wind, Kälte und Trockenheit in den Holzgängen. Eine Heimat im toten Baum finden auch einige Lebewesen, die kein Holz fressen können, wie zum Beispiel Ameisen, Spinnen und Laufkäfer. Diese fressen dann die Holzfresser. Irgendwann wird die ganze Holzsubstanz abgebaut, und zwar in organische und anorganische kleinste Bestandteile, die sich vermischen und den Humus bilden. Somit schließt sich der Kreislauf.

## Im Kindergarten – Kinder entwerfen ein Experiment, um die Wachstumsbedingungen für Schimmelpilz zu studieren

Ich stelle die Mitbringsel auf einen Tisch. Die Kinder können in aller Ruhe zunächst ihre Beobachtungen machen.

Beim Betrachten der Pilzfrucht ist die Aufregung groß, da die Kinder zum ersten Mal die Gelegenheit haben, die sonderbaren Pilzformen genauer zu betrachten. Und als im Holz auch noch einige Kleinlebewesen entdeckt werden, wundern sich die Kinder darüber, wie sie da hineingekommen sein mögen.

- Pilze machen den Weg frei.
- Die Kellerassel haust im Gehölz.

Es entwickeln sich verschiedene Fragestellungen.
Frage: Wächst der Pilz von außen nach innen oder umgekehrt?

Bemerkungen der Kinder:
- Von innen nach außen, weil Pilze Licht brauchen.
- Weil sie wie der Löwenzahn ihre Samen abgeben wollen.
- Pilze wachsen im Wald, wo kein Licht ist.

Frage: Was machen die Pilze auf den Bäumen?
- Sie wachsen dort, aber auch auf abgefallenen Ästen.
- Sie fressen die Baumrinde.
- Brotschimmel frisst auch das Brot.

Frage: Sind Pilze Pflanzen wie der Löwenzahn?
- Löwenzahn frisst keine Pflanze, oder die Baumrinde.
- Da die Pilze Pflanzen fressen, sind sie selbst keine Pflanze.

Diese Bemerkung eines vierjährigen Mädchens überrascht mich sehr. Im weiteren Gespräch zeigt sich, dass Pilze andere Lebensbedingungen haben müssen als der Löwenzahn. Auf die Frage, warum der Löwenzahn anders als die Pilze lebt, erhielt ich unter anderem folgende Antworten:
- Löwenzahn braucht das Licht.
- Pilze brauchen keine Erde.
- Löwenzahn braucht Wasser.
- Pilze mögen kein Licht.

Aus den Antworten der Kinder wird ersichtlich, dass sie nicht nur intuitiv die Besonderheiten der Pilze erfassen, sondern auch in der Lage sind, dies zu begründen. Die Bemerkung eines Kindes, dass die Pilze ja auch Samen haben müssten, wird diskutiert. Die älteren Kinder sind sich sicher, dass Samen nicht unterhalb einer Baumrinde gedeihen können. Ich rege an, dass wir uns überlegen sollten, wie man es verhindern kann, dass Brot verschimmelt. Denn alle Kinder wissen, dass man bei ihnen zuhause das Brot luftgeschützt aufbewahrt, ja manchmal sogar verpackt im Kühlschrank. Wir sprechen darüber, welche Bedingungen für das Wachstum von Schimmel günstig sein könnten. Aus dieser Diskussion entwickeln die Kinder folgende experimentelle Vorgehensweise:
- Brotscheibe zugedeckt:
  - mit und ohne Wasser
  - im Schatten und im Licht

- Brotscheibe an der Luft:
  – trocken und nass
  – im Schatten und im Licht

Die experimentellen Bedingungen sind für die Kinder eindeutig. Es gelingt ihnen herauszufinden, welche Bedingungen für die Schimmelbildung vorteilhaft sind. Obwohl sie den Begriff „Sporen" nicht kennen, meinen alle Kinder, dass sich etwas aus der Luft in das Brot einnistet und somit die Schimmelbildung vorantreibt. Unter der Lupe betrachten wir sodann die „Sporen". Bei meinem nächsten Besuch werden wir einen Schimmelkäse nach einem Rezept herstellen, das ich im Internet gefunden habe.

Danach werden wir einige Kaktusarten betrachten und versuchen herauszufinden, ob Kaktus zu der Familie von Pilzen oder Pflanzen gehört. Ich bin gespannt, inwiefern es den Kindern gelingen wird, das erworbene Wissen anzuwenden, um diese Frage zu klären.

# 7.3  Ein Vogelnest

## 7.4.1  Ein verlassenes Vogelnest – Kinder untersuchen den Aufbau des Nestes

Vor einigen Tagen habe ich ein Vogelnest gefunden. Es ist wundersam verwoben, und sein Inneres ist sehr sorgsam mit wärmenden Materialien gepolstert. Ich stelle das Nest zur allgemeinen Begutachtung auf einen Tisch im Kindergarten.

Im Gespräch entwickelt sich dann eine Reihe von Fragen, zum Beispiel:
- Warum haben die Vögel das Nest verlassen?
- Hat es ein kleiner oder ein großer Vogel gebaut?
- Wie viele Vöglein können darin bequem Platz haben?
- Hat der Vogel das Innere erst gepolstert und danach das Äußere gebaut?

- Im Nest sind verschiedene Sachen: Wolle, Haare, Watte. Wo hat der Vogel diese Sachen gefunden?
- Hat der Vogel das Nest erst auf dem Boden gebaut und dann auf den Ast gesetzt?

Im Gespräch wird deutlich, dass die Kinder erst davon ausgehen, dass das Nest nur von einem großen Vogel gebaut werden konnte. Sie können sich nicht vorstellen, dass ein so kleiner Vogel ein so raffiniertes Werk hervorbringen kann. Als wir dann überlegen, ob das Vogelpaar das Nest für sich und für seine Kinder gebaut hat, ändern sie ihre Meinung. Sie stellen sich auch vor, dass das Vogelpaar das Nest erst auf dem Boden gebaut hat. Doch bei näherer Betrachtung des Nestbaus sind sie überzeugt, dass dies nicht der Fall gewesen sein kann. Die Kinder überlegen sich auch, wie viele Vögel darin Platz haben könnten. Mithilfe von Bildern von vielen Vogelarten wählen sie nun diejenigen aus, die in das Nest passen könnten, und lernen zugleich die Namen der Vögel. Als ich ihnen die Bilder der von ihnen ausgewählten Vögel nach drei Wochen wieder zeige, beherrschen erstaunlicherweise alle Kinder die korrekten Namen der Vögel.

Fast alle sind der Meinung, dass es entweder einem Stieglitz oder einem Rotkehlchen gehört haben könnte. Sie meinen, dass Wolle, Watte und Haare die Vogelkinder vor Kälte schützen. Sie sagen, dass das Äußere des Nestes aus Gras und Moos gebaut ist, damit das Wasser nicht in das Innere eindringen kann. Zum Schluss versuchen sie, das Nest nachzubauen. Da im Kindergarten nur Watte zu finden ist, gehen sie hinaus, um die geeigneten Materialien zu suchen.

# 8

# Unterrichtsbeispiele aus der Grundschule

*Entdeckendes Lernen ist nicht nur ein Prozess, der die Kinder ermutigt, die Welt da draußen zu entdecken, sondern vielmehr zu entdecken, was in ihren Köpfen steckt.*

*Jerome Bruner*

## 8.1 Wie kann sich das Eis abkühlen, wenn es dabei selbst warm wird?

### Lernziele und Vorüberlegungen

Ich bin von einer Schule eingeladen worden, für die Dauer von zwei Unterrichtsstunden mit einer vierten Klasse zusammenzuarbeiten. Die Klassenlehrerin hat mir aufgetragen, das Thema „Wetter" mit der Klasse zu behandeln. Die Unterrichtsstunden werden von einem Lehrer protokolliert.

Da ich nur zwei Unterrichtsstunden zur Verfügung habe, überlege ich mir, welche Zusammenhänge bei dieser Thematik von überragender Bedeutung sein könnten. Ich denke, dass der Wärmeaustausch bei fast allen Phänomenen, die das Wesen des jeweiligen Wetters beschreiben, eine bedeutende Rolle spielt. Windbewegung, Erwärmung und Abkühlung, die Bildung von Wolken sind letztlich eine Folge des Wärmeaustauschs. Ich werde mich daher auf diesen Zusammenhang beschränken. Ich könnte vielleicht die Kinder dazu anregen, sich Gedanken darüber zu machen, ob das Empfinden von „warm" und „kalt" Phänomene sind, die mit einem *Wärmegewinn* beziehungsweise *Wärmeverlust* einhergehen. Vielleicht werden die Kinder im Verlauf dieser Doppelstunde erkennen, dass ein warmer Körper sich nur dann abkühlen kann, wenn er seine Wärme an die Umgebung abzugeben *in der Lage* ist. Vielleicht kann ich den Kindern dabei helfen zu verstehen, dass alle Stoffe ihre Temperatur nicht ändern können, solange sie sich von der Temperatur ihrer Umgebung gar nicht unterscheiden – wenn sie also die gleiche Temperatur haben wie die Luft, die sie umhüllt.

Ich gehe davon aus, dass Kinder wissen, dass man Stoffe in den Kühlschrank stellt, damit sie kalt bleiben. Nimmt man sie aus dem Kühlschrank heraus, dann erwärmen sie sich wieder auf die Temperatur der Umgebung. Aus Erfahrung weiß ich, dass Kinder bei abkühlenden Stoffen nicht sicher sind, ob die Stoffe sich abkühlen, weil sie „Wärme" *abgeben* oder weil sie „Kälte" *aufnehmen*. Ich möchte, dass die Kinder das „Kühlen" und das „Erwärmen" als einen Vorgang begreifen, der einem „Dahinfließen" gleichkommt. Vielleicht kommen sie selbst auf die Idee, dass zum „Dahinfließen" ein Gefälle vorhanden sein muss. Durch Analogien mit erlebbaren Bildern und vorhandenen Erfahrungen könnten sie erkennen, dass es bei einem Gefälle stets eine bevorzugte Flussrichtung gibt, nämlich von oben nach unten. Natürlich kann man zum Beispiel auf einer Rutschbahn von unten nach oben gehen, doch dazu braucht man erheblich mehr Kraft. Wasser fließt ebenfalls abwärts, und vielleicht wissen einige Kinder, dass Batterien sich von sich aus entladen und nicht umgekehrt. Doch wo ist beim Wärmefluss oben und unten? Die Kinder wissen allerdings, dass sich etwas nur dann erwärmen kann, wenn man es erhitzt. Für das Abkühlen des gleichen Stoffes auf die jeweilige Temperatur seiner Umgebung braucht man jedoch nichts zu tun. Die Schwierigkeit, diesen Aspekt selbstständig zu entdecken, wird vermutlich darin bestehen, dass Kinder, aber auch viele Erwachsene, beim Berühren von verschiedenen Materialien in einem Raum die Erfahrung machen, dass sie sich unterschiedlich warm beziehungsweise kühl anfühlen. So fühlen sich beispielsweise Gegenstände aus Metall kühler an als Materialien, die aus Holz oder Kunststoff bestehen. Ich möchte, dass Kinder eben diese sinnliche Erfahrung in einem anderen Kontext interpretieren lernen. Denn beim Berühren von metallischen Gegenständen entsteht aufgrund ihrer Leitfähigkeit sofort ein Temperaturgefälle, so dass die wärmere Hand dem kühleren, auf Raumtemperatur befindlichen, metallischen Gegenstand die Körperwärme abzugeben vermag, während dies bei nicht leitenden Stoffen ausbleibt.

## Hintergründe und wissenschaftliche Befunde

Am geläufigsten wird der Begriff „Temperatur" für Kinder zwischen acht und zehn Jahren sein. Dies bedeutet jedoch nicht, dass sie die Temperatur im Zusammenhang mit den Aggregatzuständen eines Stoffes, zum Beispiel Wasser, begriffen haben. Hier lohnt es sich, den Begriff von Temperatur und die Bedeutung der Messbarkeit von Temperatur genauer mit den Kindern zu erarbeiten.

Empirische Untersuchungen lassen erkennen, dass Kinder[*]
- nicht verstehen, warum ein Thermometer nur bis zu einer bestimmten Temperatur ablesbar ist (zum Beispiel +100 °C und −20 °C),
- warum unterschiedliche Stoffe (Holz, Metall, Wolle usw.) die gleiche Temperatur zeigen, obwohl sie sich beim Berühren ungleich warm anfühlen, zum Beispiel Metall im Vergleich zu einem Stückchen Holz,
- darüber überrascht sind, dass beim Erhitzen von Wasser die Temperatur schnell ansteigt (viele haben sogar Angst, dass das Thermometer platzen könnte), jedoch stehen bleibt, wenn das Wasser siedet,

---

[*] Erikson, G. (1980). Children's Viewpoints of Heat: A Second Look. *Science Education 64*, 3, 323–336.

– der Meinung sind, dass Eis kühlt, jedoch nicht, dass das Eis
sich erwärmen kann.

Folgende Fragen zur Geschichte „Erich und Sabine kochen Wasser" wurden Kindern zwischen acht und zwölf Jahren in mehreren Ländern gestellt:

**Erich und Sabine kochen Wasser**

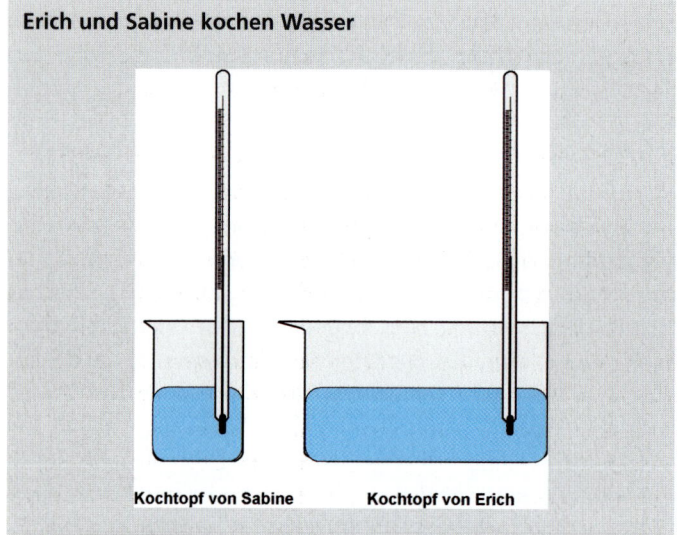

Kochtopf von Sabine          Kochtopf von Erich

Das Wasser kocht.
– Ist die Temperatur im Topf von Sabine niedriger/höher als im
  Topf von Erich?
– Ist die Temperatur in beiden Töpfen gleich?
– Welche Temperatur zeigt das Thermometer von Sabine, wel-
  che das Thermometer von Erich?

Nur wenige Kinder konnten diese Fragen richtig beantworten.
Dies lässt erkennen, dass Kinder zwischen Temperatur und
Wärme nicht unterscheiden können. Wenn bei Wasser die Temperatur am Kochpunkt stehen bleibt, dann ist es für sie die maxi-
male Temperatur, die das Wasser überhaupt erreichen kann.
Selbst Erwachsene können oft nicht eindeutig den Unterschied
zwischen Temperatur und Wärme erklären.

Mit Wärme meinen wir die Verwandlung der Energie von elektromagnetischen Wellen in Wärmeenergie, während Temperatur lediglich einen Unterschied zwischen zwei ablesbaren Werten an einer bestimmten Skala (zum Beispiel Celsius) darstellt. Wenn das Wasser kocht, steigt die Temperatur des Wassers nicht mehr, obwohl die Heizplatte nicht ausgeschaltet wird. Das Wasser nimmt also auch am Kochpunkt Wärmeenergie auf. Nur wird dann das Wasser zu Dampf (Gas), dessen Teilchen höhere Bewegungsenergie (kinetische Energie) besitzen. Hier wird also die zugefügte Wärme am Kochpunkt in Bewegungsenergie umgewandelt.

Wenn man Temperatur im Kontext von Kelvin betrachtet, dann sind Temperatur und kinetische Energie einander gleich, das heißt, Teilchen von zwei grundverschiedenen Gegenständen haben die gleiche Bewegungsenergie, wenn deren Temperatur (in Kelvin) auch gleich ist. Beim Erhitzen von einem Stoff steigt die Bewegungsenergie der Teilchen, sie beanspruchen dann mehr Raum. Wenn der Stoff sich dabei im festen Zustand befindet, bricht der feste Zusammenhalt der Teilchen, sie gehen somit in den flüssigen Zustand über, denn da können sie mehr Platz einnehmen. Dasselbe Phänomen ist beim Übergang vom flüssigen zum gasförmigen Zustand wirksam. Mehr Raum bedeutet zugleich, dass Teilchen in einer Flüssigkeit einander näher sind als im Gaszustand. Durch die Umwandlung der Wärme in Bewegungsenergie (beim Erwärmen) eines Stoffes werden Übergänge von fest zu flüssig zu gasförmig möglich. Die kinetische Energie der verschiedenen Aggregatzustände ist daher ungleich. Eis lässt sich bei Raumtemperatur nicht in fester Form halten, weil bereits bei Raumtemperatur die Teilchen von Eis eine kinetische Energie innehaben, die es in den flüssigen Zustand überführt. Bei Raumtemperatur und Normaldruck besitzt die Materie daher unterschiedliche Erscheinungsformen (fest, flüssig, gasförmig). Die Übergänge zwischen diesen Aggregatzuständen können infolgedessen nur durch eine Änderung der kinetischen Energie erreicht werden, das heißt über den Vorgang von Kühlen und Erwärmen.

Es ist auch gar nicht notwendig, auf dieser Stufe (Klasse 4) die Begriffe „Wärme" und „Temperatur" genau verständlich zu machen. Notwendiger als dies ist das Beschreiten eines Weges, der Kindern hilft, eigene Vorstellungen darüber zu entwickeln, dass Wärme ausgetauscht werden kann.

Die Klasse besteht aus 23 Jungen und Mädchen. Die Klassenlehrerin liest den Kindern folgende Geschichte vor:

**Ein Problem**

Sabine isst furchtbar gern Eis. Die Verführung dazu ist gleich um die Ecke von Sabines Haus. Denn dort befindet sich eine wunderbare Eisdiele. Zum Glück ist die Eisdiele nur im Sommer offen. Sonst würde Sabine selbst beim Schlittschuhfahren Eis essen. Heute hat die beste Freundin von Sabine Geburtstag, und natürlich ist sie eingeladen. Es ist ein brütend warmer Tag im August, und Sabine ist wild entschlossen, für ihre Freundin jede Menge Eis als Geburtstagsgeschenk mitzunehmen. Der Gehweg zur Freundin ist allerdings recht lang, und Sabine geht stets zu Fuß zu ihr. Sie braucht dafür ungefähr eine halbe Stunde. Den Weg findet Sabine gar nicht so lang. Doch heute könnte der Weg einfach zu lang werden. Warum wohl? Sabine will ihr Geschenk, die vielen leckeren Eissorten, mitnehmen, und draußen dampft die Luft. Das Blöde ist ja auch, dass der Eismann ihr dabei keinen Rat geben kann und Sabine wirklich nicht weiß, wie sie ihr Geschenk heil überbringen kann. Pech für Sabine? Oder könnt ihr Sabine beraten, wie sie das Problem doch noch lösen könnte?

Viele Hände gehen sofort hoch:

- Sie sollte mit dem Fahrrad fahren.
- Sie kann Eiswürfel dazugeben.
- Sie kann eine Kühlbox nehmen.
- Sie kann einen Eismann bestellen.
- Sie soll im Schatten gehen.

Frage: Wenn sie eine Kühltasche nimmt – was macht die Kühltasche?

Ich zeige den Kindern eine Kühltasche.
- Die Sonne kommt nicht durch.
- Es kann nicht schmelzen.

Frage: Was meinst du mit Schmelzen?
- Das Eis wird flüssig.

Frage: Kann das Eis auch warm werden?
- Ja, wenn es schmilzt.
- Nein, dann ist es kein Eis mehr.

Frage: Was braucht man, damit etwas schmilzt?
- Wärme.
- Sonne.
- Heizung.

## 8.2 Gibt der warme Körper Wärme ab oder nimmt er die Kälte auf?

Ich merke, dass die Kinder intuitiv die Ursache für den Schmelz-vorgang erfasst haben. Sie haben bereits Faktoren wie Schutz vor der Sonne und die Zeit erwähnt. Auch der Gedanke, ein Isolier-material zu benutzen, ist präsent.
Frage: Wie kühlt man warme Stoffe?
- Man kann sie in ein Kühlfach stellen.
- Man kann sie mit Eis kühlen.

Die Stoffe waren vorher warm, und dann sind sie kühl.
Frage: Was ist eigentlich mit der Wärme passiert? Kann ich in der Kühltasche etwas warm halten?
  Die Kinder werden bei dieser Vorstellung unsicher. Es gibt kaum Antworten. Ich erzähle ihnen, dass ich auf dem Weg zu ihnen umsteigen und auf meinen Zuganschluss warten musste. Auf dem Bahnsteig war es eisig kalt. Ich habe meinen Mantel enger gemacht. Es wurde mir dann ein wenig wärmer.

Frage: Ist in meinem Mantel eine Heizung?
- Ein Fell hält warm.
- Es kommt keine kalte Luft herein.
- Weil die eigene Körperwärme sich sammelt.

Frage: Meinst du, wir können die Wärme festhalten? Könnte dann vielleicht die Kühltasche auch eine Wärmetasche sein?

Die Kinder wissen etwas über die Körperwärme. Sie haben keine Zweifel darüber, dass die Kühltasche auch eine warme Pizza warm halten kann. Ich bin überrascht, wie schnell im Gespräch das Wissen der Kinder sichtbar geworden ist.

Frage: Wie ist es, wenn ihr Fieber habt?
- Wir sind ganz warm, aber wir denken, dass wir frieren.
- Wenn ich Fieber habe, zittere ich.

Frage: Ist es nicht sonderbar? Man friert, obwohl einem heiß ist. Deckt man sich dann mit Decken zu?

Schüler berichten von ihren Erlebnissen.

Frage: Wenn man Fieber hat, friert man. Ist da der Körper wärmer als die Lufttemperatur?

Mit einem Thermometer messen die Schüler die Temperatur von ihrem Körper und von der Luft.
- Wir haben eine Temperatur von etwa 37 Grad und die Luft von 20 Grad.
- Der Körper ist wärmer.
- Die Luft ist kälter.

Frage: Stellt euch vor, hier auf dem Boden steht ein Ofen. Was würde der Ofen mit der Luft machen?
- Der Ofen wärmt die Luft auf.

Frage: Könnte es auch so mit dem fiebrigen Körper sein?
- Der Körper wärmt die Luft auf.

(Protokollnotiz: Einige Schüler geben die Antworten, die meisten anderen Schüler hören aufmerksam zu. Fünf Schüler spielen mit unterrichtsfremden Gegenständen und folgen dem Gespräch nicht.)

Frage: Wie könnten wir einen Versuch dazu machen, also prüfen, ob zum Beispiel warmes Wasser kaltes Wasser erwärmt?

**Versuch 1**
Da keine Schülerideen kommen, zeige ich den Kindern zwei unterschiedlich große Bechergläser und zwei Thermometer.

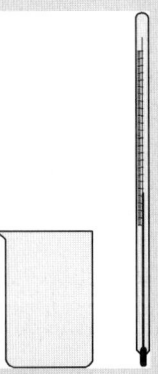

Frage: Könnte man mit diesen Sachen den Versuch durchführen? Bitte zeichnet auf, wie wir vorgehen könnten.

Einige Schüler zeichnen den Versuchsaufbau auf. Viele haben die Anweisung nicht ganz verstanden.

Zuerst schlage ich vor, dass die Schüler nur einen Becher mit Leitungswasser füllen sollten. Danach sollten sie ein Thermometer ins Wasser tauchen und das andere neben das Becherglas legen und beobachten, was geschieht.

Überrascht stellen die Kinder unter anderem Folgendes fest:
- Das Wasser hat 17 Grad, die Luft 20 Grad.
- Die Temperatur des Wassers steigt.
- Die Lufttemperatur ändert sich nicht.
- Das Wasser hat jetzt auch 20 Grad.
- Die Temperatur von Wasser und Luft bleibt gleich und ändert sich nicht mehr.

Frage: Wieso ist das kalte Wasser warm geworden? Wir haben es doch gar nicht erhitzt.
- Die Luft ist warm, deshalb wird das Wasser warm.

Kinder können naturgemäß nicht verstehen, dass die Luftteilchen ihre kinetische Energie dazu benutzen, um das Wasser auf die Raumtemperatur zu bringen. Hier wird also die Bewegungsenergie in Wärme umgewandelt. Dennoch zeigen die Bemerkungen der Schüler, dass sie die Lufttemperatur für das Erwärmen des Leitungswassers für bedeutsam erachten.

Frage: Wie warm kann das Leitungswasser werden?

- Es kann sehr heiß werden. (Offensichtlich hat der Schüler die Frage nicht so verstanden, wie sie gemeint war.)
- Es kann nur so heiß werden wie die Temperatur in der Luft.

– Pause –

Nach der Pause: Bitte schaut, ob sich die Luft- und Wassertemperatur inzwischen geändert haben! Die Temperatur ist gleich geblieben.

**Versuch 2**

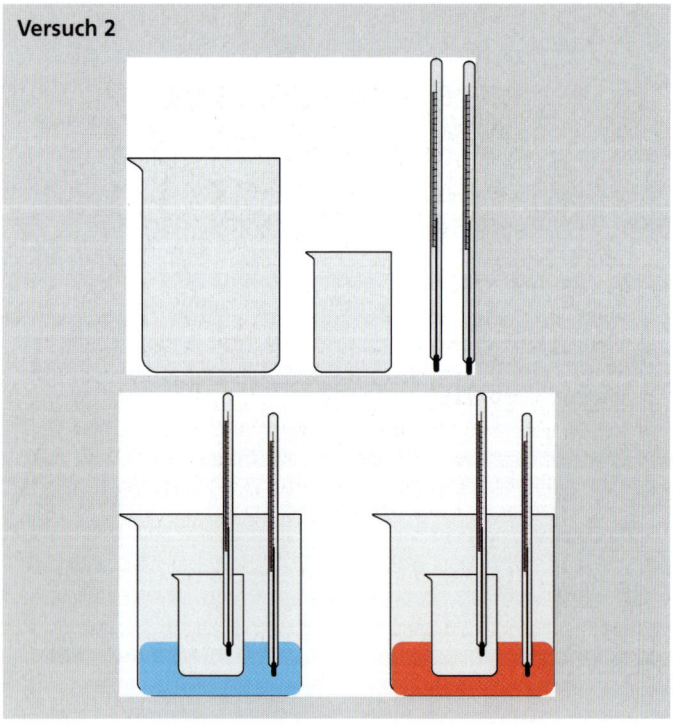

Nun können die Schüler heißes/kaltes Wasser holen und wie besprochen den Versuch aufbauen und durchführen.

(Protokollnotiz: Die Schüler sind begeistert, wie das Thermometer steigt. Ein Schüler verlässt sein Experiment schlagartig, weil er Angst hat, dass das Thermometer platzen könnte.)

Frage: Was passiert mit dem kalten/warmen Wasser? Ihr könnt eine Tabelle machen. Versucht eine zu erfinden und tragt dann in die Tabelle das Ergebnis ein. Wie waren die Temperaturen zu Beginn? Wie haben sie sich verändert?

(Protokollnotiz: Die Schüler probieren, beobachten die Temperaturen, entwerfen und berichtigen Tabellen. Teilweise sind sie konzentriert bei der Sache und haben gute Ideen. Die Ergebnisse werden übersichtlich dargestellt. Einige Schüler sind wenig motiviert, spielen mit den ausgegebenen Materialien, notieren nicht exakt oder unübersichtlich.)

Ich fordere die Schüler auf, ihre Tabellen mit den Ergebnissen an der Tafel vorzustellen.

Hier ein Beispiel:

|      | Anfang | Ende  |
|------|--------|-------|
| kalt | 17 °C  | 22 °C |
| warm | 44 °C  | 17 °C |

Frage: Ist das kalte Wasser nun wärmer geworden?

Alle Schüler können den Temperaturanstieg bestätigen.

Nun überlegen wir uns, ob es bei dem Wärmeaustausch eine bevorzugte Richtung gibt. Wir sprechen darüber, in welche Richtung ein Ball rollt und Wasser fließt. Die Schüler scheinen keine Zweifel daran zu haben, dass auch Wärme vom warmen Wasser zum kalten Wasser fließt. Nach meinen Erfahrungen stellen sie im Gegensatz zu Erst- und Zweitklässlern nicht die These auf, dass das kalte Wasser seine Kälte an das warme Wasser abgegeben hat.

Frage: Macht es einen Unterschied, welche Gläser ihr mit warmem oder kaltem Wasser gefüllt habt?

Die Schüler stellen keinen Unterschied fest – es ist nicht von Bedeutung.

# 8.3 Versuche und Aktivitäten zum Thema „warm und kalt"

### Versuch 3

– Man stellt eine Blechdose, gefüllt mit heißem Wasser und versehen mit einem Thermometer, in eine Plastikwanne mit kaltem Wasser ein, dessen Temperatur mit einem Thermometer abgelesen werden kann.

– Man wiederholt diesen Versuch mit einem Plastikbecher und dann mit einem Holzgefäß, gefüllt mit heißem Wasser.

Beobachtungen, Meinungen und Vorstellungen der Kinder werden gesammelt und diskutiert. Wichtig hierbei ist wieder zu erkennen, wie gut beziehungsweise schlecht der Wärmeübergang stattfindet.

### Versuch 4

Es sind verschiedene Eisfiguren vorbereitet. Die Figuren erhält man, wenn man Luftballons, die Formen von unterschiedlichen Figuren darstellen, mit Wasser füllt und ins Gefrierfach stellt. Man kann die spröde gewordene Gummihülle abkratzen. Die Kinder bekommen diese Formen und können sie befühlen und anschließend in eine Wasserwanne tauchen.

– Wie verhalten sich die Formen im Wasser?

– Verändert sich ihr Aussehen? Tauchen sie unter?

– Wie kann man verhindern, dass sie sich nicht verändern usw.?

Es wird hierbei der Begriff „Schmelzen" genannt werden. Wenn man weiter mit geschickten Fragen eben diesen Vorgang verfolgt, wird die Frage nach der Ursache des Schmelzens von Eis nicht ausbleiben können. Man kann weiterhin diskutieren, wie man die Formen möglichst lange erhalten könnte. Versuche mit Einwickeln in Papier, Wolle, Alufolie, dunkles und helles Papier oder in andere Materialien usw. sollten folgen. Auch hier geht es vornehmlich darum, Kindern dabei zu helfen, eigene Vorstellungen, Hypothesen usw. zu entwickeln.

**Versuch 5**
- Schmilzt ein Eiswürfel schneller an der Luft oder im \
  (Luft und Wasser bei gleicher Temperatur)?
- Ist die Menge von Wasser von Bedeutung bei dem Schmelzen von Eis?
- Ist die Temperatur des Wassers von Bedeutung?
- Wird der Schmelzvorgang durch Umrühren begünstigt?
- Ist die Größe des Eiswürfels von Bedeutung?

Man überlegt zusammen mit den Kindern, wie die obigen fünf Fragen mithilfe von Experimenten untersucht werden könnten. Versuche werden durchgeführt, Ergebnisse tabellarisch und grafisch dargestellt, zum Beispiel:

| Temperatur des Wassers in °C | Zeit (Min.), bis das Eis ganz geschmolzen ist | |
|---|---|---|
| | 1 Eiswürfel | 4 Eiswürfel |
| 20 | | |
| 40 | | |
| 60 | | |
| 80 | | |

# Kalte, warme und feuchte Luft

Die Bildung von Wolken hängt ursächlich mit Phänomenen der Luftfeuchtigkeit und Kondensation zusammen. Der nachfolgende Text könnte als Ausgangspunkt dienen, um Kindern begreiflich zu machen, dass in der Luft stets unsichtbare Wasserteilchen vorhanden sind und warme, trockene Luftmassen größere Wassermengen aufnehmen können als kalte, feuchte Luft:

*Max wohnt in der Nähe eines Bächleins. Das Bächlein ist an keiner Stelle besonders tief. Selbst Liliputaner könnten darin unbedenklich baden, allerdings wäre es nicht gerade schön, wenn sie auf die Idee kämen, mit einem Kopfsprung in das schöne Wasser hineinzugelangen. Für Kinder wie Max ist das Bächlein ein wunderbarer Spielplatz. Im Augenblick darf Max trotzdem nicht zum Bächlein gehen und schon gar nicht mit*

*Struppi. Struppi ist nämlich ein junger Dackel, der Liebling der ganzen Familie, unglaublich ungestüm, bellt unentwegt, und man muss ständig seine Schuhe hoch oben in den Regalen zwischen den Büchern verstecken. Max kann bald nur noch mit einem Schuh in die Schule gehen, weil Struppi den anderen unbemerkt gestohlen und irgendwo unauffindbar vergraben hat, vielleicht unter den Steinen des Bächleins. Auch Struppi liebt das Bächlein. Max' Mutter sagt, der Junge hat ja gar kein Gefühl für das Nasse, und den armen Hund hat er hoffnungslos zum ständigen Nass-werden erzogen. Vor zwei Tagen, es regnete in Strömen, war Max' Mut-ter bei der Nachbarin klönen und dachte nicht im Traume daran, dass Max bei dem miesen Wetter auf die Idee kommen könnte, zusammen mit Struppi auszubüchsen und im Bächlein herumzutollen. Max jedoch konnte die Gedanken seiner Mutter oft wie ein Hellseher erraten. Beste Gelegenheit also, um unbeobachtet und ohne eindringliche Ermahnungen abzuhauen. Das tat Max dann auch, und Struppi war sofort damit ein-verstanden.*

*Das Bächlein war randvoll, das Wasser floss Wellen schlagend und rau-schend dahin. Max stieg sofort in das Bächlein und freute sich, dass seine Gummistiefel sich glucksend mit Wasser füllten. Max tauchte seine Hand ins Wasser, um die ganz großen Steine zu befühlen. Um diese herum floss das Wasser noch heftiger, und genau das konnte Max fühlen und sich ungemein darüber freuen. Mit seiner Lupe konnte er heute ohnehin nichts anfangen, denn eine nasse Lupe taugt zu nichts. Während Max fast im Wasser lag, meinte Struppi, er müsse nach den Wellen schnappen, und verlor ständig den Boden unter seinen kleinen Pfoten. Plötzlich fing es gewaltig zu donnern an, und nicht weit von Max schlug der Blitz ein. Struppi erschrak und sprang sofort aus dem Bächlein. Auch Max meinte, es wäre vielleicht doch vernünftiger heimzukehren. Doch mit Gummistie-feln voller Wasser kann man zwar im Bächlein bequem liegen, jedoch schwer gehen. Gerade wollte Max seine Stiefel ausziehen, als er die Stimme seiner Mutter hörte. Sie war außer sich, und wenn ihn vorhin der Blitz getroffen hätte, so hätte es vielleicht auch nicht viel schlimmer kom-men können, so jedenfalls dachte Max. Struppi vergaß auf einmal zu bel-len und schüttelte sich unentwegt, als könnte er es gar nicht leiden, wie ein begossener Pudel dazustehen. Max wurde fest am Arm gepackt, und regelrecht vor Wut schnaufend schleifte ihn seine Mutter bis vor die Haus-tür. Inzwischen war Max' Vater auch heimgekehrt. „Schlimm, schlimm", brummte er und wiegte fassungslos seinen Kopf hin und her. Doch als Struppi ihn freudig bellend ansprang, meinte er, es sei ja doch nicht so schlimm. Schließlich ließe sich alles wieder in Ordnung bringen, denn wozu sollten die Waschmaschine, der Wäschetrockner und der Fön noch gut sein. Max solle sofort die nassen Lappen von seinem Körper entfernen, trockene Klamotten anziehen, und dann wird man mit dem Fön seinen Kopf und Struppis Fell ordentlich bearbeiten.*

*Nachdem die Eltern ein „Bachverbot" für die Dauer von einer Woche feierlich ausgesprochen hatten, ging man ans Werk. Die nassen Kleider wurden in die Waschmaschine gesteckt und nachdem sie gewaschen und geschleudert waren, kamen sie sofort in den Umlufttrockner. Max' Mutter benutzte den Trockner ganz selten, aber heute hätte sie die Kleider gar nicht an der Leine im Garten aufhängen können. Selbst wenn es vielleicht bald zu regnen aufgehört hätte, wären sie an der nassen Luft kaum trocken geworden.*

Die Kinder sollen dazu ermuntert werden, ihre Vorstellungen darüber zu äußern, warum es mit dem Fön möglich ist, die Haare zu trocknen, wie ein Trockner (Umluft- und Kondensationstrockner) die Wäsche trocknet und wieso die nasse Wäsche aufgehängt an der Luft langsam trocken wird, auch dann, wenn einmal die Sonne nicht scheint.

Vielleicht haben die Kinder beobachtet, wie im Sommer in der Frühe Wassertropfen an Gräsern und Blättern hängen und während der kühlen Abende Nebel aufsteigen usw. Abgabe von Wasser aus der Luft kann somit ins Bewusstsein gerückt werden.

Folgende Experimente könnten diese Zusammenhänge vertiefen.

**Experiment 1**
**Material:** Zwei Metallschalen, Wasser, Klarsichtfolie.
Man füllt zwei Schalen zur Hälfte mit Wasser auf. Eine Schale wird mit Klarsichtfolie luftdicht bedeckt. Beide Schalen lässt man an einer luftigen Stelle stehen und beobachtet den Wasserpegel nach mehreren Stunden beziehungsweise Tagen.

**Experiment 2**
**Material:** Mehrere Metalldosen mit glatter Oberfläche, Eiswürfel, Papiertücher, um die Dosenwand zu trocknen, Hygrometer, Uhren.

Eine Metalldose mit glatter Oberfläche wird mit Eiswürfeln gefüllt. Man misst die Zeit, bis an den Wänden der Dose Feuchtigkeit deutlich zu erkennen ist. Der Versuch wird an unterschiedlichen Orten (zum Beispiel im Raum, außerhalb des Raumes, im Schatten, in der Sonne) wiederholt.

Die Kinder dokumentieren die Ergebnisse der beiden Versuche (siehe unten) und suchen Erklärungen für ihre Beobachtungen.

Bei diesem Experiment hilft man den Kindern, Ideen zu entwickeln, wie man die Luftfeuchtigkeit messen könnte.

| Ort der Messung | Temperatur | Datum, Uhrzeit | Zeit (Min.), bis Feuchtigkeit sichtbar ist | Hygrometerwert (Luftfeuchtigkeit) |
|---|---|---|---|---|
| innen | | | | |
| außen | | | | |
| schattig | | | | |
| sonnig | | | | |

**Experiment 3**
**Material:** Hoher Glaszylinder mit großem Durchmesser, Glasschale oder Plastikschale, Eis, heißes Wasser.

Die gut gekühlte Glasschale stellt man zusammen mit den Eiswürfeln auf die Öffnung des Zylinders, dessen Boden mit heißem Wasser bedeckt ist. Die Öffnung des Zylinders muss einen so großen Durchmesser besitzen, dass der untere Teil der Schale in den Zylinder hineinhängt.

**Experiment 4**

Bei diesem Experiment sollen die Kinder die Bildung von Wolken beobachten lernen.

**Material:** Wolkenbilder beziehungsweise Wolkenatlas, Windmesser, Hygrometer.

Mithilfe eines Wolkenatlasses (Internet) sollen die Kinder bestimmte Wolkenbilder genauer beobachten und namentlich unterscheiden lernen. Die häufig deutlich voneinander unterscheidbaren sind Zirrus (hohe Wolken, Eiswolken), Stratus und Kumulus (tiefe Wolken, Wasserwolken).

Nachdem die Kinder sich die Formen eingeprägt haben, sollen sie an verschiedenen Tagen versuchen, am Himmel diese Wolken wiederzuentdecken, und lernen zu erkennen, dass die Bildung der entsprechenden Wolken in einem Zusammenhang mit der jeweiligen Wetterlage steht. Zusammen mit anderen Daten könnten sie eine Tabelle wie diese aufstellen.

| Wetterlage (Hoch, Tief) | Luftfeuchtigkeit | Windstärke | Temperatur | Wolkentypus | Datum |
|---|---|---|---|---|---|
| | | | | | |
| | | | | | |

**Experiment 5**

„Warum kühlt das Eis, obwohl es doch selbst warm wird?"
Besonders geeignet für die erste und zweite Klasse ist die folgende Vorgehensweise, die an zwei Grundschulen mit großem Erfolg erprobt worden ist.

**Material:** Durchsichtige Plastikeimer, Handlupen, Thermometer, Eiswürfel aus Wasser und aus Orangensaft, Kühltasche, Papier, Alufolie, Baumwolltücher, Wolle, Pappteller, Milchflasche mit Schnuller, Wassertopf für die Milchflasche.

**Akteure:** Kinder (K), Lehrer /Erzieher (L), eine zweite Person, kostümiert (F).
L betritt den Raum, fast atemlos, und trägt eine Kühltasche.

L: Guten Tag Kinder. Ich bin ganz atemlos. Oje, auf dem Weg hierher hat mich eine sonderbare Person begleitet, mich dauernd mit Fragen gelöchert.

F tritt ein.

L: Huch, da ist sie ja!

F: Warum huch? Ah! Endlich Kinder, so viele liebe Kinder. Warum?

L: Wieder das nervende Warum. Darum und basta!

F: Warum basta! Ah, so viele liebe Kinder! Warum?

L: Wie heißt du denn?

F: Warum? Ich heiße Domanda Warum. Warum? Ich bin das Fragenmonster. Warum? Ich frage, und alle antworten mir. Wenn sie mir nicht antworten, verhungere ich. Warum?

L: Also gut, du Frau/Herr Domanda Warum. Sei nun ganz still. Ich will den Kindern zeigen, was ich mitgebracht habe. Wie sollen wir dich denn ansprechen, Frau Domanda oder Warum?

F: Warum?

L: Also Frau Warum?

F: Domanda. Warum?

L: Was nun, Warum oder Domanda?

F: Warum Domanda? Domanda Warum?

L: Ich gebe es auf! Was meint ihr Kinder, wie sollen wir sie nennen, Domanda oder Warum?

Meinungen der Kinder.

L: Ich habe Eiswürfel mitgebracht. Hier in der Kühltasche. Ich hole einen heraus. Das kühlt die Hand, kühlt so stark, dass es weh tut. Warum bloß? Sollen wir Domanda Warum fragen?

Meinungen der Kinder.

F: Warum wird deine Hand warm, ja warum?

L: Sie wird nicht warm, sondern kühl! Ich tue den Eiswürfel lieber in den Eimer, kann ihn nicht mehr halten. (Lässt den Eiswürfel ins Wasser fallen.)

F: Warum in den Eimer? Warum wärmt deine Hand die Würfel?

L: Wärmt meine Hand …? Blödsinn, wie kann die kalte Hand wärmen?

F: Warum? Ja warum? Kinder, was meint ihr; warum? Ich muss endlich Antworten haben, sonst bekomme ich Bauchschmerzen.

Antworten und Meinungen der Kinder.

L: Wo ist denn mein Eiswürfel, ich hatte ihn in diesen Wassereimer gelegt. Ich will ihn wiederhaben!

F: Warum?

L: Darum. Wer holt mir den Eiswürfel aus dem Eimer? Kinder könnt ihr ihn sehen?
Antworten und Meinungen der Kinder.
F: Warum, Warum? Kinder, um Himmelswillen sagt endlich, wie man das Eis aus dem Eimer holen kann?

Antworten und Meinungen der Kinder.
F: Warum ist das Eis im Wasser kalt geworden? Oder ist es vielleicht warm geworden? Warum, warum und warum? Warum geht der Schnee im Winter weg, warum wissen es die Kinder und ich nicht, warum? Nun Kinder, könnt ihr mir verraten, wo der schöne, kalte Schnee sich immer wieder versteckt?
Meinungen der Kinder.
L: Was weg ist, ist eben weg. Zum Glück habe ich in meiner Kühltasche Eiswürfel aus Orangensaft. Mal sehn, ob auch sie verschwinden.
F: Warum?
L: Sei nun still! Schau, wie wir das Experiment durchführen.
Jedes Kind bekommt einen Eimer mit wenig Wasser und einen Würfel, den es behutsam in den Eimer fallen lässt. Die Kinder beobachten, wie sich der Würfel langsam auflöst und sich die Farbe im Wasser verteilt.
F: Ich konnte gar nicht sehen, weil ich gar nichts zu sehen bekommen habe. Warum? Warum immer nur ich, warum?
L: Die Kinder werden es dir schon erzählen.
Meinungen der Kinder.
F: Ist doch klar, ha, ha, Orangenwürfel weg, Eiswürfel weg, weg im Wasser. Aber ohne Wasser geht es nicht weg. So ist es. Warum? Warum? Antwortet mir Kinder, bitte, bitte!
Meinungen der Kinder.
L: Das wollen wir nun doch prüfen. Wie sollen wir uns dabei anstellen?
Kinder machen Vorschläge. Anschließend bekommt jedes Kind eine Handlupe, einen Pappteller und einen Eiswürfel.

Kinder erzählen und malen, was sie alles beobachtet und erlebt haben.
F: Ist doch klar, die kalte Luft hat den Eiswürfel erwärmt. Warum?
Kinder versuchen F zu erklären, weshalb der Eiswürfel nur noch Wasser ist.
F: Kapiert, kapiert! Warum? Die kalte Milchflasche wird auch warm, wenn man sie stehen lässt oder ins Wasser stellt.

Die Kinder widersprechen beziehungsweise stimmen zu.

L: Das wollen wir nun doch prüfen.

Die Kinder arbeiten in Gruppen. Jede Gruppe erhält eine Milchflasche aus Kunststoff mit warmem Wasser und ein Kühlgefäß mit Leitungswasser. Die Kinder testen die Temperatur durch Anfassen der Flasche und durch Eintauchen der Finger in das Kühlwasser. Die Flasche wird in das Kühlgefäß gestellt. Man wartet ab.

L holt die Flasche heraus, trocknet sie ab und testet mit der Hand die Temperatur. Macht dasselbe mit dem Kühlwasser.

Kinder berichten über ihre Erfahrungen.

F: Warum wird mir nie etwas klar, warum? Das Wasser in der Flasche war vorher 100 Grad, und jetzt ist es null Grad. Und das Wasser im Gefäß ist jetzt viel kühler als vorher. Ist doch klar. Warum?

Kinder widersprechen beziehungsweise stimmen F zu.

L: Wie können wir die Temperatur messen?

K: …

L: Wer von euch kann Thermometer lesen?

Kinder bringen anderen Kindern das Ablesen des Thermometers bei. Der Versuch wird wiederholt, wobei man vorher und nachher die Temperatur des Wassers in der Flasche und im Kühlgefäß von den Kindern ablesen lässt.

F: Aber, aber, warum ist das Wasser in der Flasche kühler geworden, wo ist dann die Wärme hin?

Kinder berichten, warum man Speiseeis im Kühlschrank aufbewahren muss. Warum man im Winter andere Kleider hat als im Sommer. Warum die Suppe im Suppenteller allmählich kälter wird, wenn man sie nicht gleich auslöffelt. Warum die Feuerwehr mit Wasser löscht.

Wie können wir den Eiswürfel länger kalt erhalten?

**Material:** Eiswürfel, Papier, Alufolie, Baumwolle, Wolle usw.

Die Kinder schlagen vor, wie man das Experiment durchführen könnte, beziehungsweise hilft der Lehrer ihnen dabei.

**Eis selbst herstellen**

Kleine Mengen von Eis werden nach verschiedenen, unten beschriebenen Rezepten hergestellt und ihre Eigenschaften getestet.

**Rezept 1:** 20 ml Milch + Honig + Fruchtsaft oder Fruchtfleisch. Ins Kühlfach stellen, mehrfach aus dem Kühlfach herausnehmen und kräftig umrühren, fest werden lassen.

**Rezept 2:** 20 ml Sahne + Honig + Fruchtsaft oder Fruchtfleisch (wie oben verfahren).

**Rezept 3:** Sahne + Eigelb + Honig + Frucht + Vanille (wie oben verfahren).

Unterschiede (Geschmack, Aussehen usw.) beschreiben. Beste Verpackung für die selbst gemachten Eisportionen suchen.

# 9

# Forscherstunden im Bereich MeNuK und MNT* (Grund- und Hauptschule Haueneberstein)

Konzept und pädagogische Begleitung: Salman Ansari

Berichte und Realisierung: Inge Lore Fischer

*An vielen Stellen des Berichts von Frau Inge Lore Fischer wird sichtbar, dass das Lernen nicht ein geradliniger Prozess ist. Aus gewonnenen Erkenntnissen entstehen nicht nur neue Einsichten, sondern auch neue Fragestellungen, deren Beantwortung neue Lösungsstrategien voraussetzt. Diese Art der unmittelbaren Anschauung ist nur dann realisierbar, wenn Kinder das Gefühl haben, dass in der Schule eine Atmosphäre des Forschens herrscht, und ihnen genug Raum zur Verfügung steht, um selbstständig eigene Theorien, Hypothesen und Ideen zu entwickeln und diese zu überprüfen. Hierdurch wird der Erwerb von Kompetenzen ermöglicht, welche die Kinder ermutigt und sie darin unterstützt, mit eigenem Maßstab die Wirklichkeit genauer zu verstehen.*

*Salman Ansari*

---

\* Grundschule: Me Nu K: Mensch, Natur und Kultur.
  Hauptschule: M N T: Materie, Nultur, Technik.

# 9.1 Warum ein neues Unterrichtskonzept?

## Vorüberlegungen

Nach mehr als zehn Jahren Unterrichtserfahrung in den Fächern Chemie, Physik und Biologie für Klasse 7 bis 9 war bei mir das Gefühl entstanden, dass es immer schwieriger wurde, die Schüler für diese Fächer zu motivieren. Auch das projektartige Arbeiten brachte keine deutliche Verbesserung. Das Niveau insgesamt wurde zusehends schlechter. Spektakuläre Chemieversuche waren zwar sehr beliebt, aber daraus entstand kein Interesse daran, die Versuche auch zu verstehen. Die Ansprüche stiegen, ohne großen Knall war es nur langweilig.

Vor diesem Hintergrund waren die neuen Bildungspläne mit dem Beginn von MNT nicht nur mit biologischen Themen schon ab Klasse 5 für mich ein Lichtblick. Dazu kamen Veränderungen im Grundschullehrplan mit dem Begriff „Das Kind als Forscher". Aus meinen Erfahrungen in Klasse 1 und 2 wusste ich, dass die Neugier und das Interesse an der Natur groß sind. Die Kinder stellen noch Fragen und suchen Antworten darauf. Wie könnten wir darauf mehr eingehen? Wie könnte man diese Neugierde erhalten und in produktive Lerngeschehnisse übersetzen? Wie sollte der MNT-Unterricht ab Klasse 5 aussehen?

# 9.2 Was bringt uns der entdeckende Ansatz?

## Ziele des Konzepts

Vor diesem Hintergrund war das Konzept von Dr. Ansari genau das Richtige. Mit seiner Unterstützung haben wir verschiedene Themen gefunden, die bei uns als Forscherstunden unterrichtet werden. Sehr gute Erfahrungen haben wir in der Grundschule und in den Klassen 5 und 6 gemacht. Dabei wird nicht jedes Thema durchgehend forschend durchgeführt. Manchmal sind es nur bestimmte Aspekte oder der Einstieg in ein Thema.

Am interessantesten jedoch bleibt es, ein Thema vollständig forschend bearbeiten zu lassen und den Schülern dazu die notwendige Zeit zu geben. Inzwischen wird auch deutlich, dass sie durch diese Art des Lernens die Inhalte viel besser behalten können. Sie erinnern sich in Klasse 6 daran, was sie in Klasse 3 oder 4 gemacht haben. Es sind die Phänomene, an die sie sich erinnern und die es ihnen ermöglichen, ursprüngliche Erklärungsversuche später mit neuen Erfahrungen zu verbinden und eventuell zu revidieren.

Wir versuchen, das forschende Lernen in Klasse 7 bis 9 in einigen Bereichen weiterzuführen. Je mehr Erfahrungen die Schüler mit dieser Art zu lernen gemacht haben, desto eher lassen sie sich darauf ein.

Teilweise wurden die Themen auch klassenübergreifend unterrichtet. In den Gruppen mit Schülern verschiedener Klassenstufen, zum Teil Hauptschüler mit Grundschülern, war es erstaunlich, wie gut die Schüler miteinander arbeiten konnten, wie sie voneinander lernten.

Von Kollegen höre ich immer wieder den Einwand, dass die Zeit für solch aufwendige Unterrichtsformen nicht da ist. Es sind jedoch nicht nur fachliche Lernziele, die durch die Forscherstunden erreicht werden. Es wird präsentiert und diskutiert. Es werden Protokolle geschrieben. Schon ab Klasse 1 bieten Forscherstunden Schreibanlässe, die anfangs nur die Zeichnungen ergänzen.

Es wird in Büchern nach Antworten auf weitergehende Fragen gesucht. Sachbücher werden vorgestellt. Es werden Experten befragt und die Ergebnisse in der Klasse vorgetragen. Dabei handelt es sich um gewonnene, selbstständig erarbeitete Erkenntnisse, die vorgetragen werden. Es wird nicht mehr abgelesen oder auswendig gelernt. Stattdessen werden Meinungen ausgetauscht, die auch begründet sein müssen. Dieses Präsentieren und Diskutieren der Ergebnisse ist ein ganz wesentlicher Teil des forschenden Unterrichts und stärkt das Selbstbewusstsein der Schüler. Man darf hier von einem Erwerb von Kompetenzen sprechen, die auf alle Lernsituationen übertragbar sind.

Im Folgenden stelle ich ein Unterrichtsbeispiel vor, das die Kernpunkte des Konzepts exemplarisch nachvollziehbar macht.

## 9.3 Erfahrungsbericht über das Thema „Eigenschaften von Stoffen"

Klasse 4 und 6 kombiniert, 37 Schülerinnen und Schüler, zwei Lehrkräfte, Gruppenarbeit

**Wasser, Luft und Sand**
**Aufgabenstellung:** In Zusammenhang mit dem Thema „Wetter" sollen die Erscheinungsformen der Materie (fest, flüssig und gasförmig) genauer untersucht werden. In den Luftballons befinden sich Wasser, Luft und Sand. Zunächst bleiben die Luftballons geschlossen. Kinder sollen durch Befühlen, Schütteln, Drücken usw. den Inhalt von Luftballons untersuchen.

Es sollen Adjektive (und andere Beschreibungen) gesammelt und in eine Tabelle eingetragen werden.

Die Kinder arbeiten in den gemischten Gruppen von Anfang an sehr gut zusammen. Sie tragen ihre Gruppenergebnisse in ihre Tabellen ein. Die Gruppen stellen ihre Ergebnisse vor.

### Die 3 Eigenschaften der Stoffe

**Wir vergleichen drei verschieden gefüllte Luftballons**

| Sand | Wasser | Luft |
|---|---|---|
| • weich | • schwabbelig | • leicht |
| • hart | • flüssig | • fällt runter |
| • formbar | • etwas formbar | • wenn man ihn drückt, geht er wieder zurück |
| • schwer | • hört man beim Schütteln | • elektrisch aufladbar |
| • man spürt die Körner | • schwer | • fliegt |
| • fällt schnell herunter | • hüpft | • fällt langsam |
| • knistert | • blubbert | • schwebt |
| • zerkleinerbar | • nass | • hört man nicht |
| • fest | | • fühlt man beim Herauslassen |
| | | • gasförmig |

Die Begriffe fest, flüssig, gasförmig kommen bei dieser Gruppierung von den Schülern. Die Sechstklässler hatten im Zusammenhang mit dem Thema „Wärme und Temperatur, Thermometer und Fixpunkte, Wirkungen der Wärme" schon einen Wissensvorsprung, den sie hier einsetzen und auch an die Viertklässler weitergeben konnten.

In der darauffolgenden Stunde zeichnen die Schüler, wie sie sich die Verteilung der kleinsten Teilchen in den Luftballons vorstellen. Tafelanschrieb:

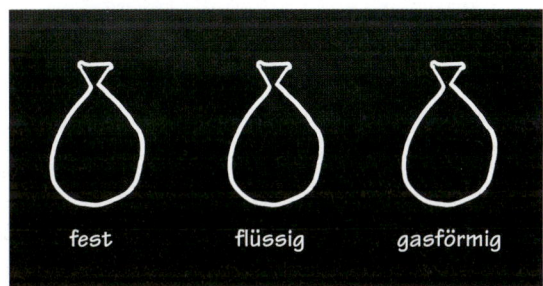

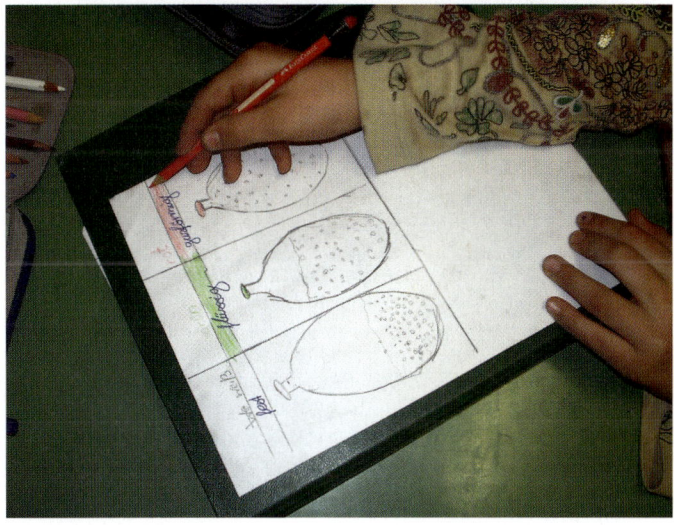

Die Ergebnisse werden im Plenum diskutiert.

Die gleichmäßige Verteilung der kleinsten Teilchen im mit Luft gefüllten Luftballon wird von allen Schülern so gesehen. Die festen Teilchen beim Sand werden von einigen größer gezeichnet, enger beieinanderliegend, verklumpt. Das Wasser hat meist eine glatte Oberfläche, einige meinen, dass dort mehr Teilchen sind als darunter.

Alle Kinder erfassen modellhaft den mikroskopischen Zustand der Materie. Im weiteren Schritt wird eine genaue Kategorisierung versucht:

- Wasser und Sand kann man aus dem Luftballon in ein Becherglas gießen.

Frage: Was kann man mit dem Wasser machen, was man mit dem Sand nicht kann?

- Sand kann man rieseln lassen, Wasser nicht. Steine kann man schneiden, Wasser nicht. Wasser bildet Tropfen, Sand nicht usw.

**Welches Ei ist gekocht?**
Zwei Eier pro Gruppe, Eier zunächst ganz lassen, notieren.
Ergebnisse sammeln.

- Das gekochte Ei hat ein Loch.
- Das gekochte Ei dreht sich gleichmäßig, das rohe schwabbelt
  hin und her, es eiert.

Die Eier werden aufschlagen und weiter untersucht.
- Das rohe Ei ist flüssig, es lässt sich nicht schneiden, es fließt
  auseinander.
- Das gekochte Ei ist außen fest, aber innen ist es noch ein bisschen flüssig, es lässt sich schneiden, aber ganz innen fließt es
  wieder ein bisschen zusammen.

Die Kinder sehen einen Übergang von flüssig nach fest im
Eigelb des gekochten Eis.
　Sie diskutieren sehr intensiv ihre Erkenntnisse.
　Aus den rohen Eiern wird Rührei gemacht. Die erste Portion
wird mit Butter zubereitet. Sie beobachten, wie das Rührei fest
wird, und erkennen den aufsteigenden Wasserdampf.
- Das ist Wasserdampf.

An einem Deckel wird der Wasserdampf kondensiert.

Frage: Aber woher kommt das Wasser? Aus dem Ei?
   Die Schüler wollen die Eier vorher und nachher wiegen.
• Das Gewicht ist weniger geworden.

Die Schüler stellen fest, dass man auch den Rührlöffel (Küchen-
freund) mitwiegen muss und dass man die Butter weglassen
sollte, weil das Wasser auch aus der Butter kommen könnte.
   Entsprechende Wiederholung des Versuchs ergibt wieder,
dass das Gewicht des fertigen Rühreies geringer geworden ist.
Also ist das Wasser aus dem Ei gekommen.
Frage: Kennt ihr noch andere Stoffe, die sich verändern, wenn
man sie erwärmt oder abkühlt?
• Wasser wird fest, es wird zu Eis, wenn man es abkühlt.

Die Schüler überlegen Unterschiede:
• Das Ei wurde beim Erwärmen fest, das Wasser wird beim
   Abkühlen fest.
• Wenn man das Eis wieder erwärmt, wird es wieder flüssig.
   Aber das Ei wurde beim Abkühlen nicht wieder flüssig. Es
   hat sich beim Ei mehr verändert als beim Wasser.

Die Kategorisierung erleichtert den Übergang vom Konkreten
zum Abstrakten. Sie hilft den Kindern, weitere Fragestellungen
zu formulieren, die später untersucht werden können, zum Beispiel: Warum kann man Steine schneiden, Wasser jedoch nicht?
Warum kann man das Wasser sehen, die Luft nicht?

*Lernen ist ein fortlaufender Prozess. Zusammen mit Kindern lernen, sie an Erkenntnisprozessen beteiligen, bedeutet, die Kinder und sich selbst als Mentor besser zu verstehen.*

# 9.4 Jahreszeiten: Frühling, Sommer, Herbst und Winter

Von Klasse 1 im März 2006 bis Klasse 2 im März 2007

## Im Frühling

In der ersten Klasse können im Frühjahr die meisten Kinder nur sehr mühsam eigene Texte schreiben. Manche Kinder malen nicht gerne. Basteln wird hier als Alternative benutzt, um Erkenntnisse zu vertiefen und zu dokumentieren. Gedacht wurde zunächst an einen „Minigarten". Aber der müsste über eine längere Zeit einen festen Platz haben und sicher vor Zerstörung sein. Ich möchte gerne alle Jahreszeiten gleich dokumentieren, damit die Schüler die Veränderungen deutlich erkennen. Ich ziehe deshalb Fensterbilder vor. Sie haben auch den Vorteil, dass höhere Elemente wie Bäume leichter eingefügt werden können.

### 22. März 2006: Wie fühle, rieche, höre ich den Frühling?

In diesem Jahr war es sehr lange kalt. Erst am Wochenende wurde es tagsüber etwas sonnig und wärmer. Nachts hat es jedoch noch knapp 0°C.
Lehrer: Es war gestern ein besonderer Tag.
  Nach kurzer Zeit:
- Frühlingsanfang.

Die Schüler erzählen, dass sie gestern draußen spielen konnten, die Sonne geschienen hat und es warm war. Einige Kinder haben einen Schmetterling gesehen.

Auch von Blumen wird berichtet.

Lehrer: Heute scheint die Sonne nicht.
- Aber es ist trotzdem Frühling.

Lehrer: Wir waren im Winter im Schulgarten.

Die Schüler erinnern sich, dass sie im Schnee gespielt haben. Da waren keine Blumen und Vögel haben sie auch nicht gehört.

Lehrer: Wir wollen gleich in den Schulgarten gehen und den Frühling dort suchen. Wie können wir den Frühling erkennen?
- Wir können die Blumen sehen.

Lehrer: Nur sehen?
- Wir können sie auch riechen.
- Und die Vögel können wir hören.

Im Schulgarten suchen die Schüler Blumen. Die im Herbst gepflanzten Blumenzwiebeln werden gesucht und Blüten werden erkannt.
Lehrer: Wer hat die Krokusse gestern angeschaut?
- Die waren größer.
- Die Blüten waren offen, weil die Sonne da war.

Die Schüler entdecken die ersten Gänseblümchen.
- Ich spüre den Wind. Er ist noch kalt.

Auch andere Kinder stellen sich so hin, dass der Wind ihr Gesicht streift.

Zum Hören verteilen sich die Schüler im Gelände und suchen einen ruhigen Platz.

Auf dem Reisigsofa erzählen sie, was sie gehört haben:
- Es waren verschiedene Vögel.

- Sie haben verschieden gesungen.

Einige Vögel fliegen vorbei.

Ein struppiges großes Reisignest sehr hoch oben in einem Baum wird entdeckt. Der Baum hat noch keine Blätter, deshalb ist das Nest gut zu erkennen (vermutlich ein Elsternnest). Bienen sind nicht da. Auch gab es heute noch keinen Schmetterling.

- Es ist zu kalt.

Auf der großen Wiese werden vergeblich Gänseblümchen gesucht.
Lehrer: Warum gibt es hier keine, und dort habt ihr welche gefunden?

Einige Schüler gehen von der großen Wiese zu den Gänseblümchen.

- Hier ist weniger Wind. Es ist wärmer, weil die Schule dasteht. Da kommt der kalte Wind nicht so leicht hin.

Am nächsten Tag schreiben und malen die Kinder den Frühling:

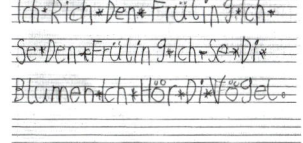

Die Erstklässler haben in der Wochenplanarbeit die obigen Blätter ohne Vorlagen angefertigt.


## 25. April 2006: Ein Frühlingsfenster

Aus organisatorischen Gründen geht es heute erst weiter mit dem Thema Frühling. Wir haben aber wenig versäumt, weil es in den letzten Wochen weiter ziemlich kühl war. Jetzt, nach den Osterferien, ist es etwas wärmer.

Unsere Fenster sind kahl. Fensterbilder zum Thema Frühling wären schön. Die Kinder sind sofort einverstanden. Ein Baum sollte dabei sein, eine Wiese, Beete.

Lehrer: Wie sieht denn ein Baum im Frühling aus?

- Manche haben Blätter.
- Manche haben Blüten.
- Sie haben Äste und einen Stamm.
- Und Wurzeln in der Erde, damit holt der Baum das Wasser aus der Erde.
- Sonst würde er ja auch umfallen.
- Also müssen wir am Fenster unten Erde machen, darüber die Pflanzen mit den Wurzeln in der Erde.

Wir gehen zusammen nach draußen, um zu schauen, wie der Frühling jetzt aussieht.

Im Schulgarten werden die eigenen Beete betrachtet, auf denen vor den Ferien Karotten und Blumen gesät und Zwiebeln gesteckt wurden. Die Zwiebeln sind gewachsen und einige Blumensamen aufgegangen, bei den Karotten kann man noch nicht viel sehen.

Lehrer: Wir könnten die Zwiebeln in der Erde und die Blätter auch ans Fenster machen.

Beeindruckt sind die Kinder von den blühenden Obstbäumen (Apfel und Kirsche). Sie rätseln, was es sein könnte. Sind alle gleich? Zuerst wird nur die unterschiedliche Größe der Bäume erkannt. (Sie sind unterschiedlich alt, der Apfelbaum ist noch sehr jung.)

- Die einen Blüten sind etwas rosa. Und die anderen sind ganz weiß.
- Die rosa Blüten sind noch nicht alle aufgeblüht.

Im Sitzkreis auf dem Reisigsofa werden kleine Zweige der beiden Bäume näher betrachtet und weitere Unterschiede erkannt: Blattform, Farbe der Blätter, Größe der Blüte. Der lange Stängel

bei der weißen Blüte lässt einige Schüler vermuten, dass es Kirschblüten sein könnten. Es wird auch an den Blüten gerochen. Sie riechen verschieden. Auch innen sind die Blüten verschieden, erkennen die Schüler.

- Die weißen Blüten haben längere kleine Dinger (Staubgefäße) als die rosanen.

Aber auch sonst ist noch einiges zu sehen: Es blühen jetzt viel mehr Gänseblümchen, die Tulpen blühen, Krokusse und die kleinen Narzissen sind verblüht. Und der Löwenzahn blüht. Dass daraus Pusteblumen werden, ist den Kindern offensichtlich bekannt.

Jeweils ein Zweiglein der Kirsche und vom Apfel nehmen wir mit in die Klasse.

### 26./27. April 2006: Bäume für das Fensterbild

Heute wollen wir mit dem Fensterbild anfangen. Ich habe das Fenster vorbereitet: braunes Tonpapier für die Erde und aus

etwas dunklerem Tonpapier einen großen und einen kleineren Baumstamm mit Wurzeln und Ästen.

Lehrer: Woraus wollt ihr die Blüten machen?

Die Schüler beschließen weißes Seidenpapier für die Blüten und hellgrünes Tonpapier für die Blätter. Für die rosa Blüten wird das Seidenpapier ein wenig mit Buntstiften angemalt. Die Blüten und die Blätter bilden jeweils Büschel. Jeder macht zuerst ein Büschel Kirschblüten und dann ein Büschel Apfelblüten.

Als Stängel für die Kirschblüten wird grünes Seidenpapier in kleinen Streifen zusammengezwirbelt. Ein Schüler kommt auf die Idee, die Stängel der richtigen Kirschblüten zu nehmen. Aber davon gibt es in der Klasse nur wenige.

Die Form der Blüten ist für die meisten kein Problem. Bei manchen sind es nur vier Blütenblätter, aber das wird auch akzeptiert.

Die fertigen Büschel werden an den Baum geklebt, der langsam immer frühlingshafter aussieht.

Die Schüler sind stolz auf ihre Ergebnisse. Die Mühe hat sich gelohnt.

Nach einer Stunde Basteln waren die Kinder noch nicht fertig, aber zu müde, um weiterzuarbeiten. Am nächsten Tag haben sie noch eine Stunde, um die Bäume fertig zu machen.

### 3. Mai 2006: Beobachtungen im Schulgelände – Löwenzahn und Obstbäume

Heute wollen wir Blumen im Schulgarten ansehen. Die Kinder haben schon gestern erzählt, dass der Löwenzahn blüht. Wir verlassen das Schulhaus heute ausnahmsweise auf der Ostseite und suchen dort und auch auf der Nordseite Löwenzahn. Sieht er überall gleich aus?

Zunächst meinen die Schüler, dass der Löwenzahn überall gleich ist. Aber dann entdecken sie Unterschiede in der Größe.

- Manchmal hat der Löwenzahn kleine Blüten und manchmal große.
- Hier ist ein Löwenzahn, der hat ganz lange Stiele und ganz große Blätter.
- Und dieser hier hat kleine Blätter, und die sind gezackt.

- Die großen Blätter sind etwas rund und etwas dick.
- Hier sind noch Knospen dran.

Lehrer: Knospen?
- Ja, da kommen noch Blüten raus.
- Das sind keine Knospen, die sind schon verblüht.

Diese Pflanze wollen die Kinder in den nächsten Tagen noch einmal ansehen, um zu sehen, ob es eine Knospe ist oder nicht.

Ein Schüler mit Schwierigkeiten beim Schreiben und Lesen, aber großem Interesse und reichem Wissen von der Natur, untersucht Blütenstände an einem anderen Löwenzahn. Er zeigt anderen Kindern verblühte Blüten und eine Knospe.
- Die Knospe ist rund, und das Verblühte ist etwas länglich.

Auf dem Reisigsofa berichten die Kinder, was sie entdeckt haben.

Dass Form und Größe der Blätter und Blüten vom Standort abhängig sein könnten, auf diese Idee kommen sie nicht. Die Löwenzahnpflanzen sind für sie unterschiedlich, weil es eben verschiedene Pflanzen sind.

Vom Reisigsofa können wir auch den Kirschbaum und den Apfelbaum sehen.
- Ich weiß, dass das ein Apfelbaum ist. (Der Schüler mit Schreib- und Leseschwäche.)

Lehrer: Woran siehst du das?
- Weil die Blüten ein bisschen rosa sind.

Lehrer: Sehen sie noch so aus wie in der letzten Woche?
- Nein, sie sind ein bisschen heller geworden.
- Und die Kirschen haben keine Blüten mehr.

Wir lassen einen kleinen Kirschzweig herumgehen.
- Das Innere von den Blüten ist noch ein bisschen da. (Die Staubbeutel sind gemeint.)
- Aber es ist etwas dunkler geworden.

- Und die Blätter hängen herunter.
- Die Stiele von den Blättern sind länger geworden und biegen sich, weil die Blätter so groß sind.

Die Blütenstände werden genauer angesehen.
Lehrer: Fallen die Blüten ab?
- Nein, da werden die Kirschen draus.

Manche Kinder sind da nicht sicher. Wir werden uns den Kirschbaum in den nächsten Wochen genauer ansehen. Auch den Apfelbaum wollen wir weiter im Auge behalten. Es stehen da noch zwei weitere Apfelbäume.
- Der eine Apfelbaum hat noch ein paar Knospen.
- Ja, der war letztes Mal noch gar nicht aufgeblüht.
- Und der da hinten hat nur zwei Blüten.
- Warum blüht der nicht?

Lehrer: Manche Apfelbäume blühen nur alle zwei Jahre.

### 5. Mai 2006: Verändern sich die Blüten im Laufe des Tages?

Heute werden wir an den Beeten arbeiten. Auf dem Weg dorthin sollen die Schüler Löwenzahn und Gänseblümchen anschauen. (Es ist der einzige Wochentag, an dem ich die Kinder schon in der ersten Schulstunde habe.)
- Der Löwenzahn ist verblüht.
- Die Gänseblümchen sind ganz zu.
- Hier sind welche, die sind auf, aber sie sehen nicht mehr schön aus. Sie sind etwas strubbelig.

Lehrer: Seht euch die Löwenzahnblüten noch einmal an. Sind sie verblüht?
- Hier ist eine, die ist innen noch ganz gelb.
- Und hier die ist schon ein bisschen wie … – wie heißt das noch?

Lehrer: Meinst du Pusteblume?
- Ja, die sieht schon aus, als ob es eine Pusteblume wird.

Noch einmal wird geschaut, wie die Knospen aussehen. Der Unterschied zu den „verblühten" Blütenständen ist jetzt für die Kinder klar.

Die Kinder suchen im Gelände nach aufgeblühtem Löwenzahn und nach aufgeblühten „schönen" Gänseblümchen.
- Hier ist ein Löwenzahn schon ein bisschen aufgeblüht.
- Vielleicht verblüht er aber auch gerade.

Offene Blüten werden nicht gefunden. (Es ist noch zu früh und ziemlich frisch. Die Sonne steht noch niedrig.) Auch bei den Gänseblümchen werden nur halb aufgeblühte gefunden.

Für das Wochenende bekommen die Kinder den Auftrag, zuhause Gänseblümchen und Löwenzahn morgens, mittags und abends anzusehen, damit sie am Montag darüber berichten können.

## 8. Mai 2006

Im Wochenanfangskreis erzählen einige Kinder von ihren Beobachtungen.
- Am Morgen waren die Gänseblümchen bei uns fast alle zu, und am Mittag waren alle aufgeblüht. Am Abend habe ich vergessen zu gucken.
- Ich konnte nur Löwenzahn sehen. Am Morgen hat noch keiner geblüht, und am Mittag waren welche aufgeblüht.
- Gehen die abends zu und am nächsten Tag wieder auf, oder kommen immer neue Blüten?

Lehrer: Wie könnten wir das herausbekommen?
- Wir könnten ein Stöckchen dranstellen, damit wir noch wissen, welche Blume es war.

Lehrer: Meinst du, dass du es dann genau weißt?
- Vielleicht, wenn ich gut hingucke.

Einige Schüler sehen etwas ungläubig aus. Aber außer dem Stock kommen keine Vorschläge. Ich hole ein Wollknäuel. Der Impuls reicht.
- Wir könnten einen Faden dran machen, dann wissen wir es genau.

Auf dem Weg zur Turnhalle (9.30 Uhr) werden wieder die Gänseblümchen angeschaut. Dort, wo die Sonne auf die Wiese scheint, sind sie ganz aufgeblüht, im Schatten sind sie noch zu.

Im Wochenplan dieser Woche ist eine Aufgabe zu malen und/oder zu schreiben, wie unsere beobachteten Blumen am Morgen, am Abend und am Mittag aussehen.
- Die Gänseblümchen sind gelb, weil man sie auf dem weißen Papier sonst nicht so gut sieht.

## 11. Mai 2006

Wir gestalten Frühlingsblumen für die Fenster. Es entstehen hauptsächlich Tulpen, aber auch einige Fantasieblumen, schön bunt. Für das Frühlingsfenster überlegen sich die Kinder Frühlingsblumen. Sie nennen neben Tulpen Hyazinthen, Krokusse, Gänseblümchen und Löwenzahn. Die gebastelten „Sonnenblumen" werden an die anderen Fenster geklebt.

Zwischendurch berichten Kinder, dass der Löwenzahn tatsächlich die Blüten am Abend schließt und am Morgen wieder öffnet.
- Aber er macht sie nur auf, wenn die Sonne etwas scheint.

## 18. Mai 2006

Die Gänseblümchen und der Löwenzahn waren immer mal wieder Thema. Inzwischen gibt es mehr Pusteblumen als Löwenzahnblüten. Mit Begeisterung werden die Samen weggeblasen.

- Die sind wie kleine Fallschirme.
- Und unten, da kommen wieder neue Löwenzähne raus.
- Ja, das sind nämlich die Samen vom Löwenzahn.
- Und überall, wo die runterkommen, gibt es wieder einen neuen Löwenzahn.

Heute wollen wir am Fensterbild weitermachen: Schmetterlinge für alle Fenster und noch ein paar Blumen für das Frühlingsfenster. Aber wie sehen Schmetterlinge aus?

An der Tafel entstehen einige. Es wird in Schmetterlingsbüchern und Broschüren nach Schmetterlingen gesucht. Dann versucht jeder, einen Schmetterling auf ein weißes Blatt Papier zu malen, der dann ausgeschnitten wird als Muster, zum Ausprobieren.

Dass sie einen Körper haben und vier Flügel, ist für alle sofort klar. Sie versuchen auch die beiden Seiten gleich anzumalen und gleich groß zu machen. Es gelingt aber nur ungefähr.

Lehrer: Und wenn der Schmetterling seine Flügel zusammenklappt?

Schnell merken die Kinder, dass die Flügel doch nicht ganz gleich sind. Einige korrigieren, indem sie nachschneiden, andere fangen von vorn an mit einem gefalteten Stück Papier. Am Ende hat jeder einen oder mehrere Schmetterlinge.

- Im Kindergarten haben wir auch mal Schmetterlinge gemacht. Da haben wir auf die eine Seite mit Farbe gemalt und dann zusammengedrückt.
- Da war auf beiden Seiten das Muster.

Es wird den Kindern freigestellt, wie sie die Schmetterlinge herstellen. Die meisten nehmen Tonpapier und malen oder kleben die Muster drauf. Einige bleiben beim weißen Schreibpapier und benutzen das Fenster, um das Muster auf beiden Seiten gleich (spiegelbildlich) zu machen. Einige nehmen die Idee mit den Farben auf und benutzen ihre Wasserfarben (Bild unten).

Aber auf dem Frühlingsfenster ist auch Erde.

- Da müssen noch Wurzeln dran.
- Nein, eine Zwiebel.
- Aber dann sind an der Zwiebel auch noch Wurzeln, sonst fällt die Tulpe doch um.
- Sie kriegt ja auch das Wasser durch die Wurzeln.

Lehrer: Und der Löwenzahn?

- Der hat keine Zwiebel.
- Kann ich auch eine Raupe machen? Ich hab eine gesehen.
- Ich mach einen Marienkäfer.

Es entstehen ein paar Raupen, die an den Blumen und Bäumen „krabbeln", und einige Marienkäfer. Einer hat ziemlich viele Beine.

Lehrer: So viele Beine?

- Ich weiß nicht.
- Ich glaub, der hat weniger.
- Hast du ein Bild von einem Marienkäfer?

Auf dem Bild werden die Beine gezählt.
- Der hat nur sechs Beine und noch zwei Fühler.
- Da sind Augen dran.

Einige Tage später schenkt mir ein Kind eine Blume, die es auf dem Weg zur Schule ausgerissen hat.
- Da ist noch eine Wurzel dran. Die kannst du noch einpflanzen.
- Wie heißt die Blume?

Lehrer: Es ist eine Mohnblume.
- Die hab ich auch auf meinem Beet.
- Können wir die noch einpflanzen?

Lehrer: Nein, die wird nicht mehr richtig anwachsen, es ist keine Erde dran, und die Wurzel ist schon zu trocken. Aber wir können die Wurzel genauer ansehen.

- Die sieht so ein bisschen wie die Löwenzahnwurzel aus.
- Ja, sie ist ziemlich dick in der Mitte.
- Mit dünnen kleinen Wurzeln dran.

## 24. Mai 2006

Am letzten Schultag vor den Pfingstferien wollen die Kinder noch einmal in „ihren" Garten. Wir sitzen wieder auf dem Reisigsofa neben dem Kirschbaum.

- Da hängen schon Kirschen.
- Aber sie sind noch grün.
- Später werden sie rot, dann können wir sie ernten.

Ich denke, dass die Kinder gelernt haben, genauer hinzuschauen und Veränderungen zu sehen. Sie haben auch einige Zusammenhänge erkannt.

Zwei Studentinnen der PH Karlsruhe haben in den letzten beiden Wochen Untersuchungen gemacht für ihre Zulassungsarbeit. Ihrem ersten Eindruck nach sind die Artenkenntnis von Pflanzen und auch die Fähigkeit, Unterschiede unbekannter Pflanzen zu erkennen, in dieser Klasse größer als in einer Vergleichsklasse (gleiche Schule, gleicher Jahrgang), die keine Beete im Schulgarten und keine „Forscherstunden" hatte.

## Es wird Sommer

### 12. Juni 2006

Nach den Pfingstferien ist es richtig warm geworden. An unserem Kalender, den die Kinder jeden Morgen auf den neuesten Stand bringen, sind auch die Jahreszeiten einzustellen.

• Können wir jetzt das Sommerbild hinhängen?

An einer Stellwand hängt ein Bild mit einem Jahreskreis, an dem auch die Daten für Sommeranfang usw. stehen.
Lehrer: Hat der Sommer denn wirklich schon angefangen?

Ein Kind sieht auf dem Jahreskreis nach: Es ist warm wie im Sommer, aber auf dem Jahreskreis steht: Sommeranfang 21. Juni. Es wird beschlossen, das Frühlingsbild noch hängen zu lassen.

## 13. Juni 2006

In der letzten Stunde gehen wir in den Schulgarten.
• Die Gänseblümchen sind noch da, aber nur ganz wenig Löwenzahn.
• Die Kirschen werden schon rot.
• Aber manche sind noch nicht richtig rot.

Einige Schüler versuchen an den unteren Ästen Kirschen abzureißen.

Ich erkläre, dass man von den unreifen Kirschen Bauchweh bekommen kann.
Lehrer: Und wenn ihr die Kirschen jetzt abreißt, können wir sie später nicht mehr pflücken.

## 22. Juni 2006

Ich war einen Tag nicht da, ausgerechnet am Sommeranfang. Als ich heute in die Klasse komme, sehe ich auf unserem Kalender, an dem die Kinder seit Anfang des Jahres regelmäßig das Datum, den Wochentag und die Jahreszeiten einstellen können, dass das Frühlingszeichen schon mit dem Sommerzeichen vertauscht ist.

Ein Schüler meldet sich gleich:

- Das habe ich aufgehängt, weil gestern Sommeranfang war. Es steht im Kalender.

Auf dem Jahreskreis mit den Jahreszeiten wird nun geschaut, ob er Recht hat. Tatsächlich, am 21. Juni ist Sommeranfang.

Die Kinder berichten von Erdbeeren, die jetzt reif sind, Freibad und Sonne.

### 26. Juni 2006

Wir ernten die Kirschen von dem Kirschbaum im Schulgarten. Es ist für alle Kinder ein Erlebnis. Wer will, darf auf die Leiter steigen und ein paar Kirschen abpflücken. Einige Helfer halten die Leiter fest. Wir sammeln die Kirschen in einem Körbchen. Es wird gezählt, wie viele im Eimerchen sind, wie viele im Körb-

chen, wie viele dazukommen. Es geschieht ganz selbstverständlich. Die Kinder, die noch im Zahlenraum bis 20 rechnen, zählen bis über 100, ohne Aufforderung, ohne meine Anleitung. Sie lernen es voneinander und sind eifrig dabei. Es wird auch überlegt, wie viele Kirschen wohl jeder bekommt, und sie kommen mit ihren Schätzungen nahe an die Realität. Später in der Klasse werden die Kirschen dann gerecht verteilt. Die selbst gepflückten Kirschen schmecken natürlich besonders gut.

Die ganze Aktion hat eine Schulstunde gedauert. Aber ich denke, für das Erlebnis und auch die Zählerei hat sich die Zeit gelohnt.

In den folgenden Tagen sollen die Kinder malen und schreiben, was ihnen zum Sommeranfang einfällt. Aber es sind nur wenige, die über das Malen hinauskommen. Inzwischen haben wir im Garten außer Erdbeeren auch Zuckererbsen geerntet. Es ist sehr warm und trocken, deshalb haben die Kinder ihre Pflanzen auch gegossen. Dass man bei Sonne nicht auf die Blätter gießen darf, weil die sonst braun werden, haben einige Kinder schon gewusst.

## 4. Juli 2006

Im Kreis stellen die Kinder vor, was sie bisher gemalt und geschrieben haben. Die Pflanzen und das Ernten stehen dabei im Mittelpunkt. Es kommen Erfahrungen aus dem eigenen Garten dazu: Himbeeren, die geerntet werden, Mais, der gesät wurde und jetzt schon ganz schön groß geworden ist. Brombeeren gibt es jetzt noch nicht, aber im August, also auch im Sommer, Zwiebeln hat ein Kind schon von seinem Beet geerntet. Viele Blumen blühen. Anregungen für diejenigen, die bisher nur wenige Ideen hatten.

Lehrer: Im Frühling habt ihr auch über die Tiere berichtet.

- Ja, von Vögeln, die haben wir gehört und gesehen.
- Ich habe viele Schmetterlinge gesehen. Mehr als im Frühling.

Auch andere Kinder berichten von Schmetterlingen.
- Es gibt jetzt auch viele Bienen.

Die werden wir uns in den nächsten Tagen gemeinsam ansehen.
Lehrer: Und die Vögel?
- Die brüten.
- Nein, die füttern jetzt ihre Jungen. Die müssen ganz viel Futter ins Nest bringen.
- Und wenn die Kleinen groß sind, dann legen sie wieder Eier und brüten wieder.
- Und das machen sie ganz oft.

Lehrer: Auch im Winter?
- Nein, im Winter kriegen sie keine Jungen, weil es zu kalt ist.
- Da haben sie auch nicht genug Futter. Und im Herbst brüten sie auch nicht, weil sie sich dann Vorrat anfressen.
- Wie der Igel. (Im Herbst hatten Kinder einen Igel gefunden, der zum Überwintern zu leicht war und deshalb im Tierheim überwintert hat.)

Igelgeschichten werden erzählt, hauptsächlich von Igeln, die überfahren wurden.
   Ein Kind berichtet über eine Igelfamilie, die vor dem Auto, das angehalten hatte, über die Straße spazierte.
Lehrer: Wann war das?
- Letztes Jahr im Sommer.

Die Kinder stellen fest, dass auch die Igel im Sommer Kinder haben, für die sie Nahrung suchen müssen.
- Und im Herbst müssen die Igelkinder selbst Futter suchen und dick werden, damit sie den Winter überstehen.

Es sind viele Ideen zusammengekommen. Ich bin gespannt, welche auf den Werken der Kinder festgehalten werden.

## 5. Juli 2006

• Wann machen wir das Fensterbild?

Die kahlen Bäume mit Erde und Gras hängen seit heute an dem vorgesehenen Sommerfenster und veranlassen die Kinder zu der Frage. Offensichtlich wollen sie gerne daran arbeiten.

Zuerst der Kirschbaum: Viele Blätter sind nötig, denn der Kirschbaum draußen ist ja ganz grün, man sieht die Äste nicht mehr. Aber wie sehen die Kirschblätter aus, welches Grün nehmen wir? Einige Schüler dürfen im Schulgarten nachsehen und ein paar Blätter mitbringen. Sie sind deutlich größer geworden als im Frühjahr. Die Ideen vom Vortag kommen auch wieder im Gespräch der Kinder untereinander. Selbstverständlich müssen Kirschen gebastelt werden, eine Leiter und ein Körbchen werden vorgeschlagen. An den Blättern und Kirschen haben die Kinder heute eine Stunde zu tun. Zwischendurch basteln einige von ihnen auch noch Blumen. Sie arbeiten sehr eifrig, aber wir merken, dass wir noch einmal eine Stunde brauchen, und beschließen, morgen weiterzumachen.

## 6. Juli 2006

Heute wird der Kirschbaum fertig gestellt. Da man die Form der Blätter am Baum nicht genau sieht, werden auch die Blätter nicht mehr so genau geschnitten. Es sind einfach zu viele.

Für den Apfelbaum gehen wieder Kinder hinaus und bringen Blätter vom Apfelbaum mit und einen kleinen grünen Apfel. Sie wundern sich, wie groß die Blätter geworden sind. Am blühenden Apfelbaum waren sie doch viel kleiner. Die gebastelten Äpfel werden hellgrün, die Blätter dunkelgrün. Ein Apfel bekommt noch einen „Wurm", der gerade herauskrabbelt. Ein Schüler bastelt einen Igel. Dieser hat zunächst keine Stacheln.

• Die sieht man ja doch nicht richtig.

Eigentlich hat er Recht, aber um das von ihm geschnittene Oval als Igel zu erkennen, sollen doch ein paar Stacheln zu sehen sein. Das sieht er ein und klebt ein paar Stacheln an den Igel.

- Ich mach noch einen Schmetterling. Die gibt es im Frühling und im Sommer.
- Im Sommer gibt es sogar mehr.
- Ich mach noch einen Maikäfer.

Lehrer: Maikäfer?
- Ach nein, dann mach ich einen Junikäfer – oder einen Marienkäfer.
- Und eine Raupe.

Lehrer: Und wie ist es mit Vögeln?
- Ich mach ein Nest für den Kirschbaum.

Das Nest ist ein Stück braunes Papier, das ich an die passende Stelle im Baum halte.
- Ja, da soll es hin.

Lehrer: Meinst du, dass man das als Nest erkennen kann?
- Ich mach noch ein paar Eier rein.

Nach einer Weile:
- Ich hab hellblaue Eier genommen. Ich hab mal hellblaue Vogeleier gesehen.

Ein Schüler bringt mir einen Marienkäfer. Andere Schüler sehen ihn genauer an.
- Aber der hat ja nur vier Beine. Der hat doch eigentlich sechs Beine!
- Dann kleb ich noch welche dran.

Ein Schmetterling wird beanstandet, weil er nicht „auf beiden Seiten gleich" ist, und wird bereitwillig von dem Schüler korrigiert.

Verschiedene Blumen, insbesondere Sonnenblumen, und ganz rechts „Rosen".

Am Ende sind auch die Leiter, Eimerchen und Körbchen fertig und werden eingefügt. Die Kinder sind von ihrem Gemeinschaftswerk selbst begeistert und stolz auf das gelungene Werk.

Der Lehrer kündigt an, in der nächsten Woche mit den Kindern in den Zoo zu gehen. Die Nachricht ruft ein Freudengeschrei hervor. Und:

• Können wir auch was vom Zoo im Sommer malen und schreiben?

Lehrer: Ja, wenn es zum Sommer passt.

In den letzten beiden Wochen des Schuljahres ist es weiter sehr warm. Wir müssen immer mal wieder im Garten gießen, und trotzdem sehen die Kinder, wie viele Pflanzen die Trockenheit nicht überstehen. Sie beobachten aber auch immer mehr kleine Tiere: Spinnen, Ameisen, Bienen ... Dass die Bienen für die Pflanzen wichtig sind und die Blumen für die Bienen, erzählen die Kinder. Sie überlegen auch, was mit den toten Tieren geschieht, denn ein junger Vogel wird in die Klasse gebracht, der aus dem Nest gefallen ist. Er ist so klein, dass er nicht überleben kann. Sie erklären gemeinsam so etwas wie einen Nahrungskreislauf. Es gibt so viele Themen, die man vertiefen könnte. Zumindest wird das Sommer-Fensterbild noch ein wenig ergänzt: Ein Vogelnest mit jungen Vögeln im Apfelbaum, ein fliegender Vogel mit einem Wurm im Schnabel, den er zu seinen Jungen bringt.

Auch über den Grund, warum der Schatten draußen mal länger und mal kürzer ist, wird noch einmal laut nachgedacht: Die Sonne steht mal höher und mal tiefer. Am Morgen geht sie auf, dann steht sie tief, der Schatten ist lang. Am Mittag steht sie ganz oben, dann ist der Schatten kurz, und nachmittags wird der Schatten wieder lang, bis die Sonne verschwindet.

## Im Herbst

### 25. September 2006 (2. Woche nach den Sommerferien)

Kreisgespräch:
Lehrer: Am Wochenende, am Samstag, war ein besonderer Tag.
    Nach kurzem Überlegen gehen gleich mehrere Finger hoch:
- Am Samstag war Herbstanfang.

Lehrer: Und was ist im Herbst anders?
- Es ist kühler geworden. (Dabei ist es heute mit fast 24 °C noch recht warm.)
- Es regnet mehr. (Heute ist es zwar bewölkt, aber es regnet nicht.)
- Die Blätter fallen.

Lehrer: Sie fallen? (Mit Blick nach draußen auf den Birnbaum.)
- Zuerst werden sie gelb oder rot, und dann fallen sie.
- Und Nüsse fallen auch vom Baum.

- Und die holt dann das Eichhörnchen.
- Und manchmal vergisst es, wo sie sind.
- Ja, und dann wächst daraus später ein Baum.
- Und die Äpfel sind reif. (Das haben wir in der letzten Woche im Garten gesehen.)
- Der Igel kommt und frisst die Äpfel, die runtergefallen sind, damit er dick wird und Winterschlaf machen kann.

Lehrer: Wie schaffen die Igel das eigentlich, dass sie das so lange aushalten? Schläft der wirklich den ganzen Winter lang? Ich könnte das nicht. Steht der nicht zwischendurch auf?

Diese Frage beschäftigt die Kinder. Eine Antwort finden sie nicht.

- Vielleicht steht das irgendwo in einem Buch?

Die Kinder wollen zuhause nachsehen, ob sie ein Buch haben. Einer will sogar ein Buch kaufen.

Lehrer: Wo könnten wir noch Bücher finden?

- In einer Bücherei.
- In der Bibliothek.
- Im Bücherbus, der kommt doch am Freitag.

Eine sehr gute Idee.

Wir suchen weiter, was im Herbst geschieht.

- Die Schafe fressen auch ganz viel. Sie brauchen ganz viel Gras.
- Die werden dann auch ganz dick.

Lehrer: Meint ihr, dass die im Winter kein Futter bekommen?

- Doch, sie bekommen Heu und so was. Die schlafen ja nicht die ganze Zeit.

Lehrer: Fällt euch etwas auf, wenn ihr morgens aufsteht, und abends, wenn ihr ins Bett geht?

- Es wird früher dunkel.

Einige Kinder haben das schon bemerkt, aber nicht alle.

Lehrer: Um wie viel Uhr wird es denn dunkel?

Diese Frage können die Kinder nicht beantworten. Aber sie können zuhause mal darauf achten, wann es draußen dunkel und drinnen das Licht angemacht wird.

### 17. Oktober 2006: Lerngang

Wir wollen uns den Garten eines Mitschülers anschauen mit den Hühnern und Fasanen, von denen er uns schon so viel erzählt hat. Und wir dürfen auch die Tiere auf dem kleinen Bauernhof daneben besuchen.

Um dorthin zu kommen, wandern wir fast eine Stunde durch Wald und Feld, vorbei an Wiesen mit Pferden und Schafen.

Die Kinder haben den Auftrag, unterwegs die Ohren und Augen offen zu halten und den „Herbst" zu suchen. Schon auf dem Hinweg fangen einige an zu sammeln, werden ein wenig gebremst, da wir den gleichen Weg zurückgehen werden. Ich

habe viele Plastiktüten im Rucksack, die ich auf dem Rückweg nach und nach an die Kinder weitergebe, die sehr eifrig sammeln und mir immer wieder ihre Schätze zeigen. Einige kennen sich ein wenig aus mit den Namen von Bäumen und Pflanzen. Ich werde auch hin und wieder gefragt. Bucheckern finden wir, die sie probieren dürfen. Sie werden ebenso gesammelt wie Eicheln, Walnüsse, Ess- und Rosskastanien, bunte Blätter, Gräser, morsche Holzstücke, mit denen man verschiedene Klänge erzeugen kann. Die Kinder nehmen ihre Fundstücke mit nach Hause.

## 18. Oktober 2006

Im Sitzkreis dürfen die Kinder über ihre Eindrücke erzählen, was sie gefunden haben, was sie damit machen wollen (Figuren basteln, Collagen erstellen, einfach ausstellen ...).

Lehrer: Ihr habt gesagt, *dass* die Blätter von den Bäumen fallen.
- Erst werden sie gelb, rot und braun ... und dann fallen sie runter.

Lehrer: Und dann kommt der Winter und dann ...
- Dann kommt der Frühling, und da kommen kleine grüne Blätter.

Lehrer: Und dann ...
- Dann kommt wieder der Herbst.
- Nein, zuerst der Sommer
- Ja, und dann der Herbst. Und dann werden die Blätter wieder bunt.
- Ja, und dann fallen sie wieder runter.

Lehrer: Und es kommen immer mehr Blätter, immer höher ...
- Die Blätter verrotten.
- Das machen die Regenwürmer. Sie fressen die Blätter, und hinten kommt Erde raus.

Einige Kinder staunen, andere bestätigen. Die Regenwürmer fressen die Blätter und machen daraus Erde. Die alten Blätter sind doch im Sommer fast alle weg. Das leuchtet allen ein.

Lehrer: Und dann kommt immer mehr Erde in den Wald, höher und höher …

Nach einigem Überlegen:

- Die Pflanzen müssen doch auch was essen.
- Die essen die Erde.
- Aber die haben doch keinen Mund.
- Aber sie haben Wurzeln. Sie essen mit den Wurzeln.
- Sie können das Wasser mit den Wurzeln trinken, und darin ist dann, was die Pflanzen brauchen.
- Und das kommt aus der Erde, von den Blättern.

Lehrer: Ihr habt so schöne Sachen im Wald gesehen und gesammelt. Aber das meiste ist im Wald geblieben. Bleibt es da?

- Die Eicheln fressen die Wildschweine, damit sie ganz dick werden. Dann frieren sie nicht so leicht.
- Die Wildschweine bekommen auch ein dickeres Fell. Das hab ich mal gesehen.
- Und die Eichhörnchen auch. Die fressen auch Nüsse.
- Und die verstecken auch die Sachen, damit sie im Winter auch was zu fressen haben.
- Und wenn sie es nicht wiederfinden, wächst daraus ein Bäumchen.

Lehrer: Und die Bucheckern?

- Die Bucheckern sind ja ganz klein. Die können auch Vögel fressen.

Lehrer: Habt ihr auch bei den Tieren auf den Weiden, zum Beispiel den Pferden, etwas gesehen, das zum Herbst gehört?

- Die Pferde haben auch mehr Fell. Im Sommer ist es dünn und jetzt ist es dick.
- Wenn es wieder Sommer wird, fallen ihnen die Haare aus, dann wird es wieder dünn.

- Das ist bei unserer Katze auch so. Der sind auch ganz viele Haare ausgefallen, und jetzt ist wieder ein dickes Fell gewachsen.
- Und bei unserem Hund ist das auch so. Da muss man immer bürsten, damit die Haare nicht überall abfallen.
- Meine Oma hat auch eine Katze. Die wohnt weit weg, in Brasilien. Die Katze von meiner Oma bekommt jetzt ein dünnes Fell. Der fallen jetzt die Haare aus, weil es in Brasilien Frühling ist, wenn es bei uns Herbst ist.
- Weil Brasilien auf der anderen Seite von der Erde liegt. Und wenn sich die Erde dreht, dann wird es dort wieder Herbst und bei uns Frühjahr.
- Aber wenn sich die Erde dreht, dann ist doch bei uns Nacht.

Lehrer: Und die Schafe?
- Ich hab das mal gesehen. Der Bauer nimmt da so was und macht denen die Wolle ab. Und daraus kann man da so was machen. (Zeigt auf den Pullover des Nachbarn.)
- Denen wird die Wolle abgeschnitten. Die können wir ganz gut brauchen.
- Nehmen manche Vögel die Wolle auch für ihr Nest?
- Ich glaub ja. Ich hab so was schon mal in einem Vogelnest gesehen, das sah aus wie vom Schaf.
- Ich wollte euch noch was erzählen: Ich hab gestern bei uns im Garten einen Igel gesehen. Das war, als ich aus der Schule kam. Meine Mama hat ihm was zu fressen hingestellt. (Katzenfutter, wie er auf Nachfrage erzählt.) Und ich hab ihm ganz viele Blätter auf einen Haufen gemacht, damit er es schön warm hat.

Die Kinder erinnern sich an den Igel, der im vergangenen Herbst von einem Mitschüler im Eingang der Turnhalle entdeckt worden war und den ich ins Tierheim gebracht hatte, weil er nicht schwer genug war. Am Reisighaufen im Schulgarten hatten wir ihn im Mai wieder ausgesetzt. Weil der Igel eigentlich erst am Abend rauskommt, wissen wir nicht, ob er noch da ist, aber alle hoffen es, und die meisten Kinder sind überzeugt, dass er dort auch im Winter sein wird, weil er es schön warm hat.

- Wir könnten doch mal messen, ob es in der Erde wärmer ist als draußen.
- Wir können auch im Kompost messen.
- Unter dem Schnee ist es wärmer als darüber.
- Das könnten wir doch auch mal ausprobieren.

Es gibt noch viel zu tun und zu sehen. Und unser Herbstfenster kann bald gemacht werden, da die Blätter an den Bäumen endlich bunter werden. Apfelbaum und Kirschbaum, die für unser Frühlings- und Sommerfenster Vorbild waren, sind aber immer noch grün.


## 6. November 2006

Auch nach den Herbstferien ist es noch ziemlich mild. Die Laubfärbung hat etwas zugenommen. Wir gehen nach draußen, um uns anzusehen, wie der Herbst jetzt aussieht.
- Es ist etwas kälter geworden.
- Die Sonne scheint nicht.
- Es ist zu viel Nebel da.
- Der Nebel macht alles etwas nass.
- Heute Morgen waren die Scheiben am Auto ganz weiß. Da war was drauf wie Schnee.

Die Kinder laufen zu den Bäumen und sammeln heruntergefallene Blätter.
- Die sind so schön bunt.

Lehrer: Welche Farben findet ihr?
- Manche sind gelb, manche sind auch noch ganz grün.
- Es gibt auch welche, die sind grün und gelb und orange.
- Ja, das sind mehrere Farben auf dem Blatt.

- Ich hab auch rote.
- Und ganz viele sind braun.

Lehrer: Was wollt ihr damit machen?

Das wissen die Kinder noch nicht genau. Die Kinder kommen auch zum Reisighaufen. Sie sind ziemlich sicher, dass der Igel darin ist.

- Der macht jetzt Winterschlaf.
- Nein, es ist doch noch warm. Und da sind doch noch Äpfel, die er essen kann.
- Und Schnecken gibt es vielleicht auch noch.

Die Kinder werfen noch Blätter auf den Reisighaufen, damit es der Igel warm hat. Im Klassenzimmer erzählt ein Schüler von seinen Schildkröten. Mit seinem Papa hat er für sie ein Winterquartier vorbereitet. Die gesammelten Blätter werden gepresst, zum Teil mit Zeitungspapier, weil die Pflanzenpresse für die Mengen zu klein war.

Und dann wird endlich das Herbstfenster gestaltet.

- Der Herbst ist da: Dieser Herbst ist nicht so toll, denn die Blätter fallen nicht. Es ist gar nicht so toll. Ich hoffe, dass der Winter toller wird.

Außer den letzten bunten Blättern an den Bäumen waren Reisighaufen für den Igel, Nüsse, Eicheln und Kastanien für das Eichhörnchen, ein Hase, der viel fressen muss und ein dickes Fell hat, ganz wichtig.

Im Verlauf der folgenden Woche malen und schreiben die Kinder zum Thema. Die fertigen Blätter hängen an einer Leine im Klassenzimmer und werden von den Verfassern vor der Klasse präsentiert.

- Herbst: Ich und meine Familie waren im Wald und haben Eicheln, Nüsse und Kastanien gesammelt und viele Schafe gesehen. Die Schafe hatten ein dickes Fell. Und die zwei Pferde am Parkplatz hatten ein dickes Fell wie die Schafe, weil es bald Winter wird.

(Protokollnotiz: Dieses Kind hat sich Gedanken über meine Bemerkungen über den zu warmen Herbst gemacht, was im Gespräch bestätigt wird. Es ist nicht ganz richtig, dass der

- Herbstblatt: Die Blätter sind bunt und fallen ab. Die Bäume sind fast kahl, und die Tiere holen sich Futter. Es wird kalt und kälter, und der Winter rückt näher und näher.

- Der Herbst: Der Herbst ist schön, die Blätter rascheln. Der Igel versteckt sich, und die Hasen suchen Essen.

- Herbst: Die Blätter sind bunt und fallen ab. Und das Tolle daran ist, dass sie rot, gelb und orange werden. Es gibt auch öfters Nebel. Aber es ist schön bei Nebel, weil man machen kann, als würde man rauchen. (Man beachte das Loch im Baum. Dort wohnt das Eichhörnchen.)

Herbst so warm ist, aber manchmal ist es doch ganz schön, weil man noch so viel draußen machen kann.)
- Herbstblatt: Die Blätter sind bunt und fallen ab. Die Eichhörnchen suchen Nüsse. Der Herbst ist sehr bunt. Zuhause hab ich Blätter gesammelt.
- Der Herbst: Im Herbst ist es oft windig und kalt, manchmal scheint die Sonne. Wenn die Sonne scheint, habe ich gesehen, oben ist die Sonne und unten ist der Nebel.

Dieses Blatt hat ein Schüler geschrieben und gemalt, der große Schwierigkeiten beim Lesen und Schreiben und doch so viel zu

- Der Herbst: Der Herbst ist schön, weil die Blätter sind so schön. Und in dem Laubhaufen versteckt sich der Igel. Und der Hase isst die Eichel auf. Und die Vögel fliegen fort. Aber manche Vögel bleiben da. Und das Eichhörnchen tut alle Nüsse aufessen. Und der Baum ist ein Glatzkopf. Und die Schafe kriegen viel Fell.

erzählen hat. Da ich nicht alles gleich entziffern konnte, habe ich es mir von ihm vorlesen lassen.

## 14. Dezember 2006

Das Messen von Weizen gehört zum Projekt „Vom Korn zum Brot", das auch in dieser Klasse läuft. Auch das Schattenprojekt ist seit dem Sommer integriert, aber hier nicht dokumentiert.

Es ist kalt, aber die Sonne scheint. In der fünften Stunde gehen wir in den Garten, um den Weizen zu messen. Der längste ist 26 cm hoch.

- Der ist aber nicht viel gewachsen.
- Der Weizen sieht aus wie Gras.

Lehrer: Vielleicht sind sie miteinander verwandt. Wo findet ihr denn Gras?

- Im Garten.

Lehrer: Auf dem Rasen?

- Nein, das sieht anders aus.

Lehrer: Was ist denn der Unterschied?

- Der Rasen wächst nicht so hoch.
- Der wird doch immer gemäht.
- Aber jetzt nicht mehr.
- Der wächst im Winter auch nicht.
- Aber das ist auch Gras auf dem Rasen. Aber das sieht anders aus als der Weizen, weil er geschnitten wurde und der Weizen nicht.

Richtiges Gras, das wie Weizen aussieht, wächst im Garten an der Hütte auf der Wiese.

- Aber das wächst jetzt auch nicht mehr so hoch.

Lehrer: Und der Weizen? Warum ist der nicht mehr gewachsen?

- Es war zu kalt, deshalb ist der Weizen nicht gewachsen.
- Aber so richtig kalt ist es doch in diesem Jahr noch nicht gewesen.
- Es ist Winterweizen. Er hat aufgehört zu wachsen, weil Winter ist. Und wenn der Winter vorbei ist, dann wächst er weiter. (Sein Vater hat es ihm erklärt.)

Lehrer: Was braucht der Weizen zum Wachsen?

- Vielleicht hat er nicht genug Sonne im Winter.

- Ja, die Sonne ist nicht mehr so hoch. Da gibt es mehr Schatten.
- Und sie scheint nicht so lange. Es wird so früh dunkel.

## Der Winter ist da

### 31. Januar 2007

Dieser Winter ist sehr warm. Den kalendarischen Winteranfang haben die Kinder registriert, weil im Klassenzimmer ein Kalender hängt, der von den Kindern täglich richtig eingestellt wird und bei dem auch die Jahreszeiten jeweils verändert werden müssen. Der 21. Dezember ist der kürzeste Tag, erklärte ein Kind.

Mitte Januar war es sehr sonnig und frühlingshaft warm. Wieder wurden Schatten gemessen. Sie waren etwa gleich lang wie Mitte Dezember. Die Kinder erzählten, dass es jetzt schon wieder etwas früher hell wird als vor den Weihnachtsferien. Sie beobachteten auch erste blühende Krokusse.

Erst gegen Ende Januar fiel Schnee, so dass wir am Freitag, den 26. Januar, eine Schlittenwanderung machten. Schon am nächsten Tag regnete es, und es fing wieder an zu tauen.

Das Fensterbild für den Winter fehlt uns noch. Wir überlegen uns, was dazu gehört.

- Aber draußen ist ja kein Schnee.

Lehrer: Ist denn jetzt kein Winter?
- Doch!

Lehrer: Was ist denn jetzt anders als im Sommer und im Herbst?
- Es ist kälter.
- Im Schwarzwald liegt noch immer etwas Schnee.
- Wir können Schlitten fahren.
- Ich habe einen Schneemann gebaut.
- Wir haben eine Schneeburg gebaut.
- Wir waren am Wochenende Skifahren.

Lehrer: Wir haben am Freitag unsere Schlittenwanderung ge-
macht. Wie sah es denn im Wald aus?
- Da lag Schnee.
- Auf den Bäumen war auch etwas Schnee.

Lehrer: Auf den anderen Fensterbildern waren immer ein
Kirschbaum und ein Apfelbaum. Wir können ja mal rausgehen
und schauen, ob wir im Schulgarten jetzt auch noch etwas vom
Winter entdecken können. Auf dem Sommerbild sind Vögel.
- Und auf dem Herbstbild auch.
- Und Igel sind da auch. Aber die machen jetzt Winterschlaf im
  Reisighaufen.

Lehrer: Und wenn wir jetzt nach draußen gehen, müssen wir auf-
passen, dass wir in der Nähe vom Reisighaufen besonders leise sind.
- Damit er nicht aufwacht.
- Dann kriegt er nämlich Hunger, und dann findet er vielleicht
  nichts.
- Wir könnten ihm ja was zum Fressen hinstellen.

Lehrer: Was könnten wir ihm denn hinstellen?
- Schnecken, Würmer und so was.
- Aber Schnecken gibt es doch jetzt nicht.
- Ich hab aber welche gesehen.

Wir gehen nach draußen. Die Kinder sollen dort nachsehen, ob
es Schnecken und Würmer gibt.
Lehrer: Wo habt ihr denn im Sommer welche gesehen?
- Am Baumstamm.
- Wo es etwas glitschig war.
- Im Gras.
- Auf dem Kompost.

Sie sollen auch nachsehen, ob es Vögel gibt.
- Die sind doch alle weggeflogen.
- Alle aber nicht. Ich hab gestern einen Vogel gesehen.

Im Schulgarten werden wieder Krokusse entdeckt, die Blüten der Haselnuss.
- Da muss ich aufpassen. Ich bin allergisch.

Im Gras finden die Kinder keine Schnecken und Würmer. Wo sind die Blätter?
- Auf den Bäumen sind keine mehr. Die sind alle abgefallen.
- Nur auf dem Tannenbaum sind noch welche.
- Aber das sind keine richtigen Blätter, das sind so spitzige Nadeln.

Lehrer: Und ist das wirklich ein Tannenbaum?
- Nein, das ist so was Ähnliches wie ein Tannenbaum. Aber der hat viel längere Nadeln. Der heißt anders.

Lehrer: Könnte das eine Kiefer sein?
- Ja, das ist eine Kiefer. Die hat die Blätter nicht verloren. Aber die anderen Bäume haben alle keine Blätter mehr.

Auf der Wiese sind nur wenige Blätter zu sehen. Die Kinder finden ein paar, die angefressen sind.
- Da haben Würmer was abgefressen.
- Die Würmer fressen die Blätter, und hinten raus kommt ganz gute Erde.
- Hier auf dem Kompost liegen viele Blätter.

Die Blätter auf dem Kompost werden untersucht und dabei auch etwas tiefere Schichten freigelegt.
- Hier ist ein Tausendfüßler. Der hat sich richtig eingekringelt.
- Hier ist noch einer.
- Und hier ist eine Schnecke. Aber die ist ziemlich klein.

Lehrer: Sind es so viele Tiere wie im Sommer oder im Herbst?
- Nein. Im Sommer waren es viel mehr, und die Schnecken waren viel größer.
- Denen ist es vielleicht jetzt auch zu kalt.

- Unter den Blättern ist es ja ein bisschen wärmer als darüber. Aber für die meisten ist es doch zu kalt.
- Wir könnten doch dem Igel die Schnecke und die Tausend-füßler bringen.

Die Kinder gehen ganz leise zum Reisighaufen und versuchen durch die Zweige den Igel zu entdecken, was natürlich nicht klappt.

An der Natursteinmauer:

- Da sind im Sommer Eidechsen.

Lehrer: Und jetzt?

- Vielleicht sind sie ganz weit reingekrochen und schlafen auch.
  Lehrer: Und was ist mit den Vögeln?
- Da sitzt einer! Es ist eine Meise, man hört sie auch.
- Aber im Sommer waren es mehr Vögel.

Lehrer: Und singt sie wie im Frühling?

- Nein. Sie singt viel weniger. Sie macht nur piep piep.
- Aber gestern habe ich ganz viele Vögel gesehen. Das waren alles so große schwarze.

Lehrer: Manche Vögel kommen hierher im Winter, weil es hier jetzt wärmer ist als dort, wo sie im Sommer sind. Und andere fliegen von uns aus nach Afrika, weil es bei uns für sie zu kalt ist.

Die Kinder entdecken die Aststücke mit Löchern für die Wildbienen.

- Aber da sind jetzt keine drin. Die Löcher sind alle offen.
- Was machen die im Winter?
- Die Bienen sterben alle im Winter.
- Aber wie gibt es dann wieder neue Bienen?
- Nur die Bienenkönigin legt Eier.

Lehrer: Die könnte vielleicht den Winter überstehen.

- Aber hier in diesem Holz sind keine Honigbienen mit Bie-nenkönigin. Das sind einzelne Bienen.

- Ich guck mal zuhause. Wir haben Bücher.
- Und ich guck mal, was der Igel macht, wenn er im Winter aufwacht.

Mehrere Kinder wollen Bücher mitbringen, in denen etwas von Tieren steht.

### 1. Februar 2007

Das Fensterbild entsteht.

Es wird in den nächsten Tagen nach und nach fertig gestellt. Wichtig sind der Schnee, das Futterhäuschen und die Meisenknödel. Selbstverständlich darf auch der Schlitten nicht fehlen. Einige Kinder versuchen, Schneeflocken aus weißem Papier zu schneiden. Das ist für Zweitklässler mühsam. Die Fähnchen

über der Straße passen zum Winter, denn sie hängen dort immer zu Fasching, und der gehört auch zum Winter.

Auch Tierbücher werden vorgestellt, wobei insbesondere interessiert, wo die Schmetterlinge im Winter bleiben. Immer wieder berichten die Kinder am Morgen, welche Vögel sie gesehen haben, und schauen auf der Vogelkarte nach, ob sie sie dort finden. Es wird überlegt, welche Vögel hier bleiben, welche noch im Süden sind, welche Nahrung sie brauchen und ob diese im Winter vorhanden ist oder nicht.

## 5. Februar 2007

Im Wochenplan steht: Schreibe und male, was wir über den Winter wissen (Tiere, Bäume, Pflanzen, Wetter).

- Der Winter ist meistens kalt, doch dieser Winter war nicht so kalt, und es war auch fast kein Schnee da. Aber dann kam doch noch Schnee, und ich war froh.

- Winter: Die Vögel, die man im Winter sieht, sind die Amseln. Der Winter ist schön, weil, dann kann man Schlitten fahren. Und wenn man im Winter in den Wald geht und es schneit, dann sieht man Rehspuren oder Schweinespuren. Und die Bäume sind weiß.
- Die Fische schwimmen ganz tief im Untergrund. Manche Fische sind oben.
- Die Bäume sind kahl. Wir haben im Kompost Tausendfüßler gesehen.
- Ein paar Vögel sind in Afrika, glaub ich, geblieben und andere sind gekommen. Ich weiß nicht, warum. Wir waren alle, alle draußen und haben es beobachtet und haben es besprochen.

- Am Dienstag, als Mama und ich zum Klavier gefahren sind, da haben wir einen Schwarm Krähen gesehen. Die Schwalben sind noch in Afrika.

Name: *Jannik*  Datum: *07.2.07*

*Schöne Jahreszeit*

*Der Winter ist eine schöne Jahreszeit, in der man Schlitten fahren kann. Ich, Maik und Marvin haben das natürlich auch gemacht. Sehr schade, weil nur so wenige Tage Schnee gelegen hat.*

- Der Winter ist eine schöne Jahreszeit, in der man Schlitten fahren kann. Ich, Maik und Marvin haben das natürlich auch gemacht. Sehr schade, weil nur so wenige Tage Schnee gelegen hat.

- Ich habe gestern schwarze Vögel gesehen. Ich wusste nicht, wie die heißen. Und als ich in der Schule war, habe ich auf der Vogelkarte geguckt. Und die Vögel waren Amseln.
- Wir haben Vogelfutter in die Vogelkrippe (ins Futterhäuschen) gelegt. Wir haben Meisen gesehen. Am nächsten Tag war die Vogelkrippe leer. Wahrscheinlich waren die Meisen hungrig.

- In Kroatien sind die Fische in die Tiefe gegangen. Und mein Opa hat dann Probleme. (Marko besucht oft seinen Opa, der in Kroatien wohnt. Er erzählt häufig von seinen Angelerlebnissen mit seinem Opa.)


# 9.5  Tiere und ihr Lebensraum

Beobachtungen von Schnecken und Mehlwürmern
  Klasse 3 und 5 kombiniert
  Fächerverbund Mensch, Natur, Kultur
  Grund- und Hauptschule Haueneberstein
  Röber/Rodriguez/Fischer (Realisierung)
  Salman Ansari (Konzept, didaktische Begleitung)
  Klasse 3: 25 Kinder, Klasse 5: 13 Kinder, eine Doppelstunde
pro Woche. Gruppeneinteilung gemischt, Klasse 3 und Klasse 5
Mädchen und Jungen, starke und schwächere Schüler, sieben
Vierergruppen, zwei Fünfergruppen. Die Gruppeneinteilung
gilt auch für die folgenden Forscherstunden.

## Was macht die Schnecke zum Tier?

### 16. September 2005

Den Schülern wird erklärt, dass sie an Schnecken erforschen können, was die Schnecke zum Tier macht. Dafür müssen Schnecken (Häuschenschnecken) gesucht und in passenden Behältern (Schüler schlagen Aquarien vor) in der Klasse beobachtet werden. Für die nächsten zwei Tage werden die Sammelbehälter (pro Gruppe ein 1000-ml-Joghurteimer) reichen müssen.

- Die Schnecken müssen aber auch was zu fressen kriegen.
- Was fressen die Schnecken?
- Die fressen Blätter, aber welche?

Gemeinsam wird erarbeitet, dass beim Sammeln der Schnecken darauf geachtet werden muss, wo die Schnecken gefunden wurden. Von den Fundstellen soll geeignetes Material in den Eimer getan werden.

Trotz Nieselregen sind alle Schüler sofort einverstanden, nach draußen zu gehen. Nachdem geklärt ist, in welchem Bereich des

Schulgeländes gesucht werden darf, gehen die Gruppen los. Sie brauchen kaum Hilfen. Die einzelnen Gruppen finden zwischen zwei und 37 Schnecken.

Nach etwa 20 Minuten geht es zurück in die Klasse. Die Gruppen machen Notizen über die Fundstellen.

Anfang nächster Woche werden die Drittklässler die Terrarien herstellen. Hierzu sollen Fünfliterwasserflaschen aus durchsichtigem Plastik benutzt werden.

### 23. September 2005

Es werden noch einmal die Unterschiede und Gemeinsamkeiten von Tieren und Pflanzen wiederholt.

Die gesammelten Aussagen von der Pinnwand werden auf der Tafel in eine Tabelle geschrieben, und die Schüler werden aufgefordert, eine Tabelle für ihren Ordner anzufertigen.

Die von den Drittklässlern eingerichteten Terrarien stehen auf einem Tisch. Die Drittklässler erklären den Fünftklässlern, wie sie hergestellt wurden.

| Pflanzen | Pflanzen und Tiere | Tiere |
|---|---|---|
| Pflanzen haben Wurzeln | beide wachsen | Tiere bewegen sich (laufen, fliegen...) |
| ... blühen | ... leben | ... hören, riechen |
| ... wachsen aus Samen | ... atmen | ... erkennen Gefahr |
| ... brauchen Fotosynthese | ... brauchen Luft, Wasser, Sonne | ... können lernen |
| ... haben Blätter | ... brauchen sich gegenseitig | ... können schmecken |
| | ... vermehren sich | |

- In die Flasche haben wir ein Loch geschnitten, dabei den Deckel aber drangelassen, damit die Schnecken nicht herauskommen.
- Die Weinbergschnecke ist ziemlich stark. Sie könnte den Deckel aufmachen.
- Die Schnecke spürt den Luftzug und weiß dann, wo sie raus kann.

(Manche Deckel wurden deshalb mit Tesafilm an einer Stelle festgeklebt, dabei wurde aber darauf geachtet, dass trotzdem noch Luft hineinkommt.)

- Der Deckel wurde mit einem Klebeband abgeklebt, damit man sich nicht verletzt.

Lehrer: Wer soll sich nicht verletzen?

- Wir! Den Schnecken macht das nichts aus. Sie können sich nicht schneiden. Der Schleim schützt sie.
- Sie können sogar über eine Rasierklinge kriechen.

Lehrer: Was habt ihr hineingetan, damit die Schnecken sich wohlfühlen?

- Gras und Blätter von da, wo wir's gefunden haben.
- Gras und einen Stein, weil die Schnecken an der Wand waren, als wir sie gefunden haben.
- Brennnesseln und Dornen.
- Ganz frisches Gras, wo niemand draufgetreten hat.
- Gras mit Tau ist gut, weil die Schnecken den Tau trinken.
- Das Gras und die Blätter muss man oft wechseln.

Die Terrarien werden nun in die Gruppen gegeben und die Schüler beobachten ihre Schnecken.

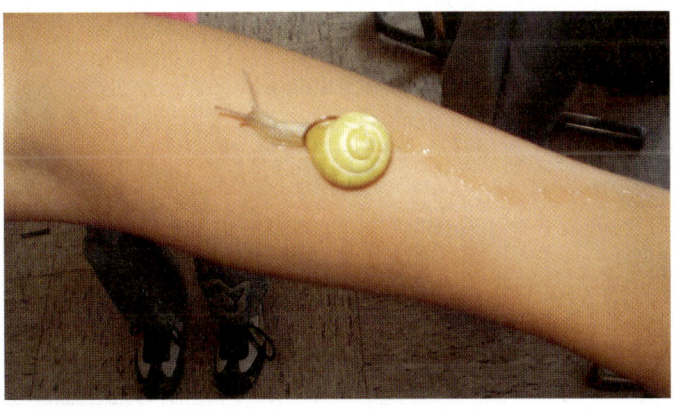

Eine weitere Diskussionsrunde schließt sich an.
- Die Weinbergschnecke hat ein Kind gekriegt! (Drittklässler)

Lehrer: Du meinst, dass sie erst hier in der Flasche ein Kind gekriegt hat?
- Vielleicht hat sie schon vorher einen Freund gehabt. (Drittklässler)
- Die Schnecken sind Zwitter, sie brauchen keinen Freund. Sie können alleine Kinder bekommen. (Fünftklässler)

Lehrer: Fühlen sich die Schnecken im Terrarium wohl?
- Nein, sie sind draußen zuhause.
- Sie brauchen Artgenossen.
- Es sind zu viele in der Flasche und zu wenig Steine.
- Frische Luft fehlt und die Sonne.
- Das Gras ist nicht ganz frisch.
- Vielleicht essen sie ja nicht nur die Blätter, wo wir sie gefunden haben.
- Vielleicht waren sie nur unterwegs.

Lehrer: Was brauchen die Schnecken, damit sie sich einigermaßen wohl fühlen in den Flaschen?

- Bestimmt mögen sie Salatblätter. (Drittklässler; er hat im Garten am Salat „Häuschenschnecken" beobachtet.)
- Sie freuen sich bei Regen, sie kriechen heraus, wenn es feucht ist.
- Vielleicht mögen sie Tomaten oder so was.
- Salat und Erdbeeren
- Wir könnten das reintun und gucken, ob sie es fressen.

Lehrer: Und was brauchen die Schnecken sonst noch? Wie können wir ausprobieren, ob das stimmt?

- Wir könnten Regen machen.

Lehrer: Aber wie können wir wissen, ob sie es doch lieber trocken haben?

- Auf einer Seite können wir es nass machen und auf der anderen Seite trocknen lassen.
- Wir können auch in eine Flasche verschiedene Nahrung geben.
- Eine halbe Tomate, Salatblätter.
- Löwenzahn und Blumenkohlblätter.
- Wir könnten auch Fleisch reintun und gucken, ob sie das fressen.

Lehrer: Ihr habt gesagt, dass die Schnecken Sonne brauchen.

- Wir könnten auf eine Seite die Sonne scheinen lassen und die andere Seite mit einem Tuch dunkel machen.

Lehrer: Brauchen die Schnecken nur das Licht von der Sonne?

- Die Sonne macht auch warm.
- Wir könnten auf eine Seite Eiswürfel machen und die andere Seite auf die Heizung stellen.

Dass Kühlakkus praktischer sind, erkennen die Kinder schnell.
Lehrer: Gibt es auch im Sand Schnecken?

- Nein, das mögen sie nicht, weil da zu wenig Wasser drauf ist.
- Aber wir können es ausprobieren, ob sie da drauf kriechen oder ob sie lieber auf Steinen kriechen.

Gemeinsam wird überlegt, wer was mitbringen kann für die nächste Doppelstunde, um die verschiedenen Vorschläge auszuprobieren. Die Schüler sammeln noch einmal, was sie ausprobieren wollen. Zum Teil haben sie Dinge mitgebracht, um etwas auszuprobieren. An der Tafel werden die Vorschläge festgehalten.

---

**Was mögen Schnecken?**

| | |
|---|---|
| • feucht | oder trocken |
| • Salat, Tomaten, Pilze | oder Fleisch |
| • dunkel | oder hell |
| • Sägespäne oder Sand | oder Steine |
| • warm | oder kalt |
| • Zucker | oder Salz oder Pfeffer |
| • Gras | oder leer (die leere Plastikflasche) |
| • buntes Papier | oder graues Papier |

- Können unsere Schnecken schwimmen?
- Fressen sie lieber oben oder unten (gleicher Leckerbissen, zum Beispiel Salat, an einem Ast oben oder unten in der Flasche)?

---

Lehrer: Wie müssen wir vorgehen?
- Wir müssen eine Grenze machen, vielleicht mit Stöcken?
- Zuerst müssen wir das Terrarium leer machen.
- Und dann den Versuch reinmachen.
- Jede Gruppe muss einen anderen Versuch machen. Wir müssen uns absprechen, wer was macht.

Hier ist die erste Unterrichtsstunde schon zu Ende. Es dauert ziemlich lange, bis die Vorschläge der Kinder notiert und diskutiert sind.

Die Gruppen wählen sich Versuche aus, wobei der Versuch mit Salz, Zucker und Pfeffer am interessantesten für mehrere Gruppen zu sein scheint.

Die Schnecken werden vorübergehend wieder in kleine Joghurt-eimer getan, die Terrarien geleert, etwas gereinigt und dann entsprechend der Fragestellung von den Gruppen eingerichtet.

Die Gruppen arbeiten sehr unterschiedlich, manche sorgfältig und überlegt, andere versuchen schnell fertig zu sein und überlegen nicht viel dabei. Da wir heute nur zu zweit sind, ist es nicht einfach, die Gruppen zu betreuen. Vielleicht wäre es besser gewesen, weniger unterschiedliche Versuche zu machen und jeden Versuch zumindest zweimal, vielleicht sogar dreimal, um einen Vergleich zu haben.

Einige Gruppen haben am Ende ein Ergebnis, andere noch nicht. Sie müssen nächste Woche weiterbeobachten. Aber bis dahin ist ein besonders langes Wochenende, die Schnecken dürfen nicht so lange in den teilweise wenig komfortablen Terrarien bleiben. Ein großes Glasterrarium wird mit viel frischem Gras, Blättern und Steinen ausgestattet. Dort sollen alle Schnecken bis nächsten Freitag bleiben.

### 7. Oktober 2005

Ein kurzer Rückblick auf die letzte Doppelstunde:
- Wir haben getestet, wie sich die Schnecken am wohlsten fühlen.
- In unserer Gruppe hatten wir Sägespäne, glatte Steine und Sand. Viele Schnecken sind auf die glatten Steine gegangen.
- Wir hatten bunte Schnipsel und graue und dann sind ganz viele Schnecken auf die bunte Seite.
- Bei uns waren ganz viele am Fleisch. (Die Gruppe hatte daneben ein großes Angebot an Salat und Früchten.)
- Die meisten sind bei uns auf den Zucker, auf dem Salz sind die dann gestorben.
- Wir haben untersucht, ob die Schnecken Wasser mögen.
- Ob sie gerne schwimmen.
- Dann wollten sie ganz schnell wieder raus.

- Wir haben warm oder kalt probiert. Für das Warme haben wir eine Lampe genommen. Fast alle sind zur Wärme gekrochen.
- Aber vielleicht liegt das ja am Licht.
- Deshalb haben wir einen Beutel mit warmem Wasser zum Wärmen unter eine Seite gelegt, da sind alle hingekrochen.

Ganz sicher sind einige Gruppen nicht mit ihren bisherigen Ergebnissen. Um die Ergebnisse in den Gruppen zu präzisieren und damit alle Schüler die verschiedenen Terrarien sehen und die Ergebnisse anschaulicher werden, wird ein Rundgang vereinbart, bei dem die einzelnen Gruppen an ihren eingerichteten Terrarien ihre Ergebnisse ausführlicher erläutern können.

Die Schnecken im großen Terrarium haben sich teilweise in ihre Schneckenhäuser zurückgezogen, und die Schüler machen sich Sorgen, dass sie tot sein könnten. Das Einrichten der Terrarien gelingt ziemlich schnell. Die Gruppe mit dem Fleisch hat frischen Salat und Früchte mitgebracht, aber diesmal kein Fleisch. Es wird darüber nachgedacht, was man denn nehmen

könnte: Fliegen, tote Mäuse, Nachtfalter … Eine Schülerin erinnert sich an ihren Vorschlag von der letzten Woche; sie will probieren, ob die Schnecken lieber oben oder unten sind. Sie kommen beim Rundgang zuerst dran.

*Gruppe 1: Oben oder unten? Was fressen sie gerne?*

- Alle wollten nach oben.

Lehrer: Könnt ihr euch vorstellen, warum?
- Vielleicht wegen des Luftzugs.
- Aber die Luft ist doch auch in das Terrarium gegangen.
- Oder sie wollten nach draußen.
- Vielleicht haben sie am Luftzug gemerkt, wo sie nach draußen können.

Lehrer: An welches Obst sind sie am meisten gegangen?
- An Paprika.

Lehrer: Und an welches sind sie nicht so gegangen?
- Weintrauben.
- Salat haben sie wenig gefressen.

*Gruppe 2: Salz, Pfeffer oder Zucker?*

- Auf Salz haben sie die Fühler eingezogen.
- Die Schnecke zieht sich ganz zusammen, und es schäumt richtig.
- Auf Zucker hat sie sich nicht eingezogen.
- Das Salz ist vielleicht giftig für die Schnecken.

Lehrer: Warum ist das Salz nicht so gut?
- Die Haare fallen aus.

Lehrer: Wenn man salzig isst …?
- Dann hat man Durst.
- Salz entzieht zu viel Flüssigkeit bei der Schnecke.
- Im Schleim ist ja viel Wasser.

Lehrer: War eine Schnecke auf dem Pfeffer?
- Nein.

Es entsteht eine Diskussion, dass die Schnecke vielleicht auch Pfeffer mag, aber nicht alleine, nicht so viel. Wir essen ja auch etwas Pfeffer und auch etwas Salz. Und wenn die Schnecke Paprika so gerne mag, mag sie vielleicht auch etwas Pfeffer.

*Gruppe 3: Trocken oder nass (feucht)?*

- Wir haben zwei große Blätter genommen (Platanenblätter). Eins haben wir nass gemacht, das andere ist trocken. Eine Schnecke mochte lieber das nasse Blatt, aber sie waren auch auf dem Trockenen.
- Ich habe gesehen, dass sie eher auf das trockene Blatt gehen.
- Vielleicht ist das trockene Blatt noch feucht genug.
- Vielleicht sind das aber Blätter, die die Schnecken nicht mögen, oder mögen sie sie?
- Wenn es regnet, kommen die Schnecken aber raus, also mögen sie doch den Regen.
- Vielleicht sollte man den Versuch noch mal machen ohne richtige Blätter, aber mit nassem und trockenem Papier. Dann ist es egal, ob die Schnecke das Blatt frisst oder nicht. In trockenem Papier ist auch gar kein Wasser.

*Gruppe 4: Bunt oder grau?*

Das Terrarium ist mit bunten und grauen Tonpapierresten ausgestattet.

- Eine Schnecke war auf dem bunten Papier, die andere auf dem grauen.

Lehrer: Habt ihr nur zwei Schnecken gehabt?
- Nein, aber die anderen sind mal da und mal da gewesen.
- Vielleicht können die Schnecken keine Farben unterscheiden.

Lehrer: Das könnte sein, aber ich weiß es auch nicht. Wie könnten wir das herausbekommen?
- In Büchern nachgucken.
- Oder mit dem Computer im Internet.

*Gruppe 5: Hell oder dunkel?*

Die eine Seite haben wir verdunkelt mit Stoff, die andere hat Licht vom Fenster. Die Weinbergschnecke ist ins Dunkle gegangen, die anderen Schnecken eher ins Helle.
- Auf den Weinbergen zwischen den Reben und den Steinen ist es dunkel.
- Aber im Terrarium ist es nicht richtig dunkel, weil das T-Shirt gelb ist.
- Besser ist, wenn man es an einem sonnigen Tag macht. Heute ist es nicht richtig hell. Und die andere Seite müsste man mit einem ganz dunklen Stoff dunkel machen, vielleicht mit einer Decke.

*Gruppe 6: Glatt oder rau?*

Wir haben getestet, ob die Schnecken lieber auf Sägespänen, auf einem glatten Stein oder auf Sand gehen. Sie mögen lieber Sägespäne als Sand und am liebsten den Stein.
- Sie mögen lieber glatt als rau.
- Aber Sägespäne mögen sie auch ein bisschen. Letzte Woche haben sich welche in den Sägespänen vergraben.

- Die Schnecke bewegt sich mit ihrem Muskel auf dem Schleim, sie schwimmt.
- Auf dem Schleim bleibt der Sand kleben und die Sägespäne auch ein bisschen.

*Gruppe 7: Warm oder kalt?*

Auf der kalten Seite sind Kühlbeutel, auf der warmen Seite Plastikbeutel mit warmem Wasser auf beziehungsweise unter dem Terrarium. Mit innen platzierten Thermometern kann die Temperatur abgelesen werden.
- Alle sind auf die warme Seite gegangen.

Lehrer: Warum habt ihr jetzt den Beutel mit warmem Wasser genommen?
- Weil wir mit der Lampe nicht wissen, ob die Schnecken zum Licht oder zur Wärme gehen.
- Die meisten Schnecken sind auf der warmen Seite.

Lehrer: Gibt es im Winter Schnecken?
- Im Sommer sieht man Schnecken ganz oft auf Blättern.
- Im Kalten tun sich die Schnecken gar nicht so bewegen, und im Warmen bewegen sie sich sogar.
- Und die Schnecken machen nämlich so was wie Winterschlaf.

*Gruppe 8: Gras oder leer?*

Wir wollten wissen, ob die Schnecken lieber Gras haben oder nichts. Beide Schnecken sind zum Gras gekrochen. Nichts mögen sie nicht.
- Straßen mögen sie ja auch nicht. Da sieht man selten eine Schnecke.
- Auf Gras können sie besser fortkriechen.
- Im Gras ist auch ihr Fressen.

- Wie bekommen sie heraus, wo es Gras gibt?
- Die Schnecke hat mehrere Sinne. Sie hat Lippen zum Schmecken und kann damit warm und kalt spüren
- Im Gras ist es frischer, vielleicht spürt sie das mit den Fühlern.
- Vielleicht spürt sie es auch beim Kriechen.
- Mit den Fühlern spürt die Schnecke, ob da eine Wand ist, wo sie hochkriechen muss.

*Gruppe 9: Können Schnecken schwimmen?*

Wir haben getestet, ob die Schnecken schwimmen wollen oder nicht. Die Schnecke ist durch das Wasser durch und dann wieder raus. Aber ziemlich schnell!
- Ich glaub, sie geht nur ins Wasser, wenn sie muss.
- Oder zum Trinken.

Lehrer: Trinken die Schnecken?
- Ja, zuerst sah es so aus, als ob sie trinkt.
- In den Blättern, die sie frisst, ist viel Wasser.
- Die Schnecken trinken mit dem ganzen Fuß, nicht durch den Mund.
- Also durch die Haut.

Es ist erstaunlich, mit welcher Geduld und Aufmerksamkeit die Schüler über eine Stunde konzentriert zuhören und diskutieren.

## 15. Oktober 2005

Die Gruppen sollen Protokolle erstellen mit dem Ziel, dass daraus ein Heft mit allen Versuchen entsteht, das jeder bekommt.

Lehrer: Was ist wichtig beim Protokoll?
- Was gemacht wurde, was richtig war.

- Welcher Versuch?
- Wie vorbereitet wurde, wie es gemacht wurde.
- Was ist dabei rausgekommen.
- Was hinmalen?

Es wird geklärt, dass eine Zeichnung vom Versuch dabei sein sollte, dass nicht nur wichtig ist zu schreiben, was für die Schnecken gut war, sondern auch, was sie nicht mochten. Dass es auch wichtig ist, Vermutungen aufzuschreiben, auch dann und gerade dann, wenn der Versuch etwas anderes gezeigt hat. An der Tafel ist während der Diskussion ein möglicher Ablauf entstanden. Die Schüler sind sehr konzentriert dabei und arbeiten erstaunlich gut in den Gruppen zusammen.

Anschließend stellen die Gruppen ihre Ergebnisse vor, wobei sie ihre Protokolle nicht in allen Gruppen vorlesen, sondern sich meist vom Text lösen und erzählen.

Fragen der anderen Schüler sind erwünscht. Die Schüler sollen sich in der jeweiligen Gruppe Notizen machen, damit sie ihr Protokoll ergänzen können.


*Gruppe 1: Oben oder unten? Was fressen sie gerne?*

- Wir haben vermutet, dass sie lieber nach unten gehen, um zu fressen, weil das näher ist. Aber die meisten sind nach oben gegangen. Wir haben auch untersucht, was sie gerne fressen. Wir haben vermutet, dass sie lieber Gemüse fressen als Fleisch. Wir haben links Fleisch hingelegt und rechts das Gemüse. Die meisten sind aufs Fleisch gegangen. Manche auch zum Gemüse.

Lehrer: Welches Gemüse haben sie gefressen?
- Trauben, Paprika, Salat. Rote Rüben haben sie nicht gefressen. Vielleicht ist die rote Farbe nicht so gut. Salat haben sie nicht viel gefressen, lieber Paprika.

Welches Gemüse oder Obst essen die Schnecken
am liebsten?

Ablauf: Zuerst haben wir für die Schnecken
ein Terrarium gebaut. Danach sind wir im
Hopf gegangen und haben Schnecken gesucht
*Frau Fischer hat uns erklärt das, wenn man Brenn-
essel ganz fest anfast, dass es dann nicht brennt.
Endlich war es so weit, wir konnten das Terrarium
mit Gemüse füllen, dass es nicht so langweilig war
nahmen wir noch Obst und gemüse verteilte das
Gemüse und Obst gleich. Wir hatten:, Roterüben, Salat, Weintrauben, Tomaten, Cili Paprika und Äpfel dabei. Natürlich
setzten wir auch die Schnecken ins Terrarium und schauten
was die Schnecken woll fessen würden.

* Wir haben ganzviele Schnecken im Brennnessel
gefunden

Die Schüler äußern viele Überlegungen, warum sie das eine fressen und das andere nicht. Aber es steht nicht im Protokoll. Die
Gruppe wird ermuntert, das Protokoll auch mit solchen Überlegungen zu ergänzen.

*Gruppe 2: Salz, Pfeffer oder Zucker?*

- Auf dem Salz ist eine Schnecke gestorben. (Ob das stimmt, ist
  nicht mehr festzustellen.)
- Die Schnecke mag Zucker, weil es süß ist.
- Auf dem Pfeffer war keine Schnecke. Das war zu scharf. Wir
  würden ja auch nicht reinen Pfeffer essen.

Vermutung: Wir haben alle vermutet das die
Schnecken lieber aufs Salat gehn. In echt ist es ja
so, dass die Schnecken in den Gärten das Salat fessen.

Lösung: ~~die~~ Die Schnecken gehen am liebsten auf Paprika

| Gemüse u. Obst | ☺ | ☺ | ☺ | ☺ | ☹ | ☹ | ☹ | ☹ |
|---|---|---|---|---|---|---|---|---|
| PAPRIKA | X | | | | | | | |
| TOMATEN | | X | | | | | | |
| SALAT | | | X | | | | | |
| CILI | | | | X | | | | |
| ROTE RIBEN | | | | | | | | X |
| Weintrauben | | | | | | | | X |
| ÄPFEL | | | | | X | | | |

Gemüse

Obst

Warm sind die Schecken zur Paprika gegangen
und zu der Weintraube nicht?

1.) Warscheinlich, ist ~~die~~ Paprik etwas besonderes z.b.
kan es den Schnecken Kraft geben. Eigentlich giebt
es in Deutschland in Gärten gewönlich keine Paprikas,
alle dachten Salat ist ihre lieblings Speiße, wenn es
in den Gärten keine Paprikas gibt, müssen sich irgendwie die
Schnecke versorgen und gehen zum Salat. Gebt Es Paprika
in den Gärten wär bald alles auf gefessen (wie inn unser Versuch).

- Vielleicht mag die Schnecke aber etwas scharf. Sie mag ja auch Paprika und das ist auch scharf.

*Gruppe 3: Trocken oder nass (feucht)?*

- Wir haben festgestellt, dass die Schnecken auf die trockenen Blätter gekrochen sind. Aber vielleicht mochten sie die Blätter gar nicht.
- Außerdem sind Blätter immer ein bisschen nass.

Lehrer: In der letzten Stunde hatte doch jemand eine Idee, wie man das genau herausfinden könnte.
- Wir könnten den Versuch noch einmal mit Papier machen.

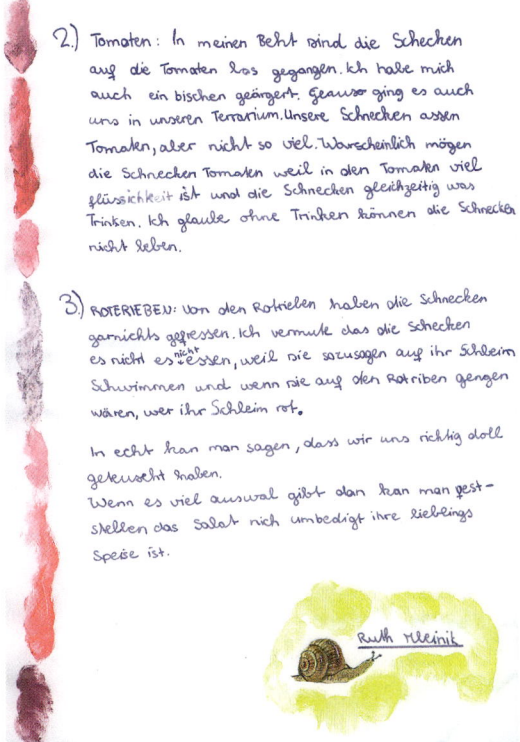

2.) Tomaten : In meinen Beet sind die Schecken
auf die Tomaten los gegangen. Ich habe mich
auch ein bischen geärgert. Genauso ging es auch
uns in unseren Terrarium. Unsere Schnecken assen
Tomaten, aber nicht so viel. Warscheinlich mögen
die Schnecken Tomaten weil in den Tomaten viel
flüssickkeit ist und die Schnecken gleichzeitig was
Trinken. Ich glaube ohne Trinken können die Schnecken
nicht leben.

3.) ROTERIEBEN: Von den Rotrieben haben die Schnecken
garnichts gefressen. Ich vermute das die Schnecken
es nicht essen, weil sie sozusagen auf ihr Schleim
Schwimmen und wenn sie auf den Rotriben gengen
wären, wer ihr Schleim rot.

In echt kan man sagen, dass wir uns richtig doll
getäuscht haben.
Wenn es viel auswal gibt dan kan man feststellen das Salat nich umbedigt ihre lieblings
Speise ist.

Ruth Mleinik

- Aber das geht doch jetzt nicht, weil wir die Schnecken schon
  wieder weggebracht haben. Sie müssen doch Winterschlaf
  machen.

Lehrer: Aber die Idee für einen weiteren Versuch kann man auch
aufschreiben. Das machen erwachsene Forscher auch, damit sie
wissen, wie es weitergehen könnte.

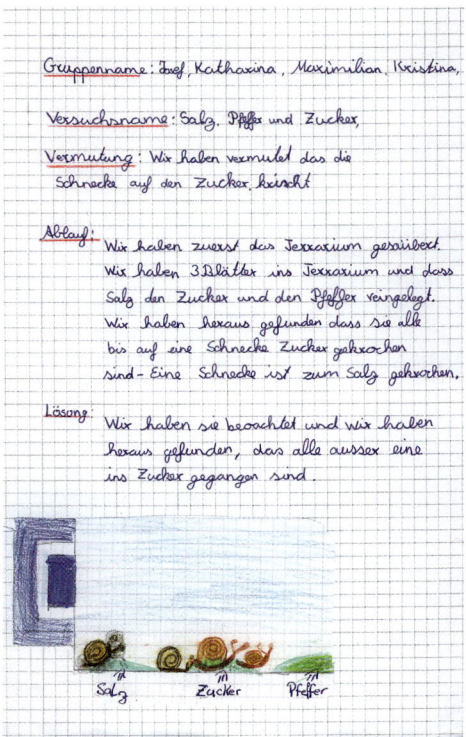

Gruppenname: Josef, Katharina, Maximilian, Kristina.

Versuchsname: Salz, Pfeffer und Zucker.

Vermutung: Wir haben vermutet das die
Schnecke auf den Zucker kriecht

Ablauf: Wir haben zuerst das Terrarium gesäubert.
Wir haben 3 Blätter ins Terrarium und das
Salz den Zucker und den Pfeffer reingelegt.
Wir haben heraus gefunden dass sie alle
bis auf eine Schnecke Zucker gekrochen
sind - Eine Schnecke ist zum Salz gekrochen.

Lösung: Wir haben sie beobachtet und wir haben
heraus gefunden, das alle ausser eine
ins Zucker gegangen sind.

Salz     Zucker     Pfeffer

*Gruppe 4: Bunt oder grau?*

Lehrer: Konntet ihr etwas herausfinden?
• Eine Schnecke ist auf das graue Papier gegangen und vier auf
das bunte.

Auf die zweifelnden Fragen der Mitschüler hin ergänzen sie, dass
man daraus keine Schlüsse ziehen kann.
• Vielleicht können die Schnecken keine Farben sehen.

Lehrer: Das müsst ihr dann auch aufschreiben!

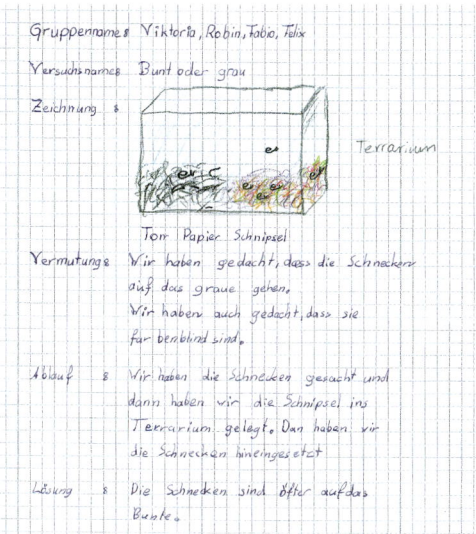

*Gruppe 5: Hell oder dunkel?*

- Wir haben über einen Teil des Terrariums ein T-Shirt gehängt. Die Weinbergschnecke ist ins Dunkle gegangen, die anderen waren zum Teil im Dunkeln, aber viele waren auch im Hellen.
- Ob sie wirklich lieber hell oder dunkel mögen, wissen wir nicht.

Der Lehrer erinnert an die Ideen der letzten Stunde: Es war nicht sonnig, nicht hell genug. Das T-Shirt war gelb.
- Man müsste den Versuch noch mal machen mit einem dunkleren Tuch und bei Sonne oder mit einer Lampe.

Lehrer: Das solltet ihr aufschreiben.

*Gruppe 6: Glatt oder rau?*

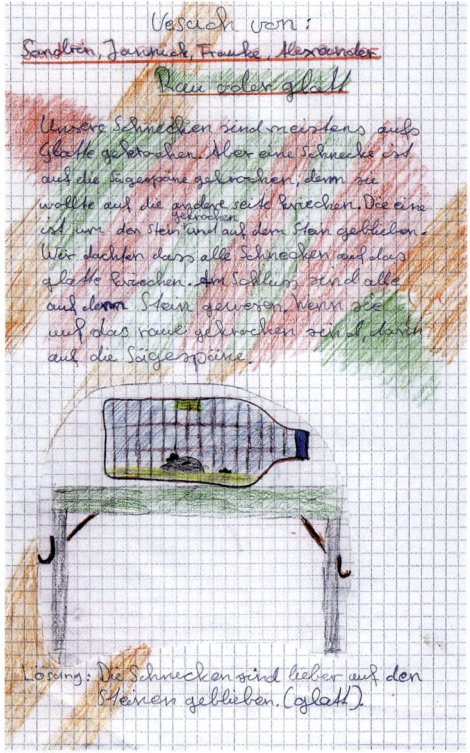

*Gruppe 7: Warm oder kalt?*

Die Gruppe berichtet, wie sie zuerst das Terrarium mit einer Lampe erwärmt hat.

- Aber dann kann man nicht wissen, ob die Schnecken zum Licht oder zur Wärme gehen. Deshalb haben wir den Versuch geändert und mit einem „Wärmebeutel" erwärmt.

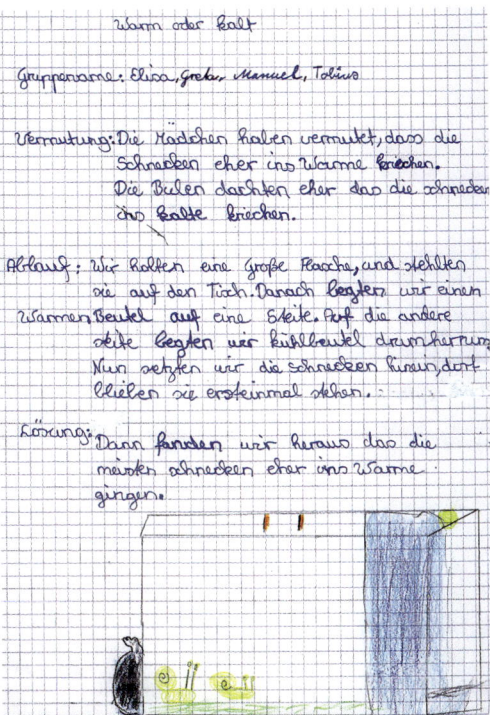

*Gruppe 8: Gras oder leer?*

Das Ergebnis ist so eindeutig, dass es keine Nachfragen gibt.

*Gruppe 9: Können Schnecken schwimmen?*

- Richtig geschwommen sind sie nicht, aber sie waren auch nicht wasserscheu.
- Die Schnecke konnte durch das Wasser kriechen und kam auf der anderen Seite wieder heraus.

Hier sind die Gruppe: Anna, Paloma, Julius, Nils
Versuchname: Gras oder Leer

Ablauf: wir haben auf eine Seite unseres Terarium Gras gemacht
die andere Seite haben wir frei gelassen. Die hineingesetzten
Schnecken krochen sofort auf Gras.

Lösung: Die Schnecken sind lieber auf Gras gegangen.

Die Schüler haben weitestgehend konzentriert zugehört, an die Gruppen Fragen gestellt und Vermutungen geäußert. Zwei Schüler berichten, dass sie zuhause Versuche mit Schnecken gemacht haben. Auch haben einige Informationen aus Büchern und aus dem Internet entnommen. In der Klasse liegen einige Bücher, die eifrig benutzt wurden.

Am Ende der Stunde werden die Schnecken in den Schulgarten gebracht.

Eine Schülerin erklärt den anderen, dass die Schnecken ab Oktober Winterschlaf machen. Für die nächsten Tage ist kälteres Wetter angesagt.

- Es wäre gemein, wenn wir sie einfach drinnen lassen, weil sie das vielleicht nicht überleben.

Gruppennamen: Alica, Nina, Mario, Sebastian

Versuchsname: Ob die Schnecken ins Wasser mögen
oder nicht (gerne schwimmen)

Vermutung: Wir vermuten, dass unsere
Schnecken nicht gern ins Wasser gehen.

Ablauf: Auf einer hälfte hatten wir
Gras und auf der anderen Hälfte
hatten wir einen Dedel mit Wasser.

Lösung: Sie gehen nicht so gern ins
wasser. und einmal ist eine Schnecke
ganz durch gekrochen.

Zeichnung

Ergebnis: Sie mögen Wasser nicht
unbedingt.

Viele Schüler nehmen Schnecken aus dem Terrarium heraus und überlegen sehr genau, welcher Platz besonders gut ist. Am Ende wird der Rest an einer Stelle ausgeleert, wo es nicht weit ist zum Reisighaufen und der Gartenarche, wo die Schnecken geschützt sind und wo sie für den Winter einen ruhigen, feuchten und etwas warmen Platz finden. Natürlich könnten sie dort auch von einem Igel gefressen werden, der vielleicht unter dem Reisighaufen seinen Winterschlaf macht. Aber das wäre nicht so schlimm, denn der Igel braucht ja etwas Futter, wenn er zwischendurch aufwacht.

## 22. Oktober 2005

An der Tafel entsteht das Bild einer Schnecke (stiller Impuls). Im folgenden Gespräch müssen die Lehrer nur die Schüler aufrufen und wenig eingreifen. Aussagen kommen von alleine und auch Fragen, die oft von Schülern beantwortet werden. Während des Gesprächs wird das Tafelbild ergänzt.

- Das ist eine Schnecke.
- Die hat Schleim gemacht.
- Man sieht die Muskeln.
- Sie hat vier Fühler.
- Die großen sind die Fühler, die kleinen die Augen.
- Nein, umgekehrt.
- Bei Gefahr ziehen sie die Augen ein und gehen in ihr Häuschen.

Lehrer: Welche Funktion hat das Haus?
- Es schützt vor Feinden.

Lehrer: Was ist es für eine Schnecke?
- Eine Häuschenschnecke.
- Wenn die Schnecken schlafen, machen sie aus dem Schleim einen Kleber.
- Der Schleim schützt, damit es im Häuschen warm bleibt und damit zum Beispiel keine Ameisen reinkommen.

- Den Verschluss kann man mit einer Folie vergleichen.
- Der Deckel ist wie eine Bettdecke.
- Schnecken haben eine Verteidigung, sie machen Schleimblubberblasen.
- Lebt das Häuschen?
- Das Herz und so was ist im Häuschen.
- Nein, das Herz ist im Weichkörper.
- Die Schnecke baut das Häuschen aus Schleim. Sie wächst ja, und das Haus wird auch immer größer.

Lehrer: Kann die Schnecke ohne Häuschen leben?

Einige Schüler meinen, dass sie auch ohne Häuschen leben kann. Sie denken dabei wohl an die Nacktschnecken.

- Manche Schnecken gehen aus ihrem Häuschen raus.

Einige Kinder protestieren.

- Nein, die Häuschenschnecke kann ohne ihr Häuschen nicht leben.
- Nein, sie ist daran angewachsen.
- Sie würde austrocknen ohne das Häuschen.
- Die Schnecken können sich vor Ameisen schützen, aber nicht vor einem Wolf oder einem Hund.
- Ich habe Babyschnecken gesehen. Die haben ganz kleine Häuschen, sie sind durchsichtig.
- Bei kleinen Schnecken ist das Häuschen noch ganz dünn und geht leicht kaputt.

Lehrer: Werden Schnecken mit Häuschen geboren?

- Ich glaube ja. Sie werden aus Eiern geboren. Es ist nicht so wie bei den Säugetieren. Aber das Häuschen ist ganz klein.
- Mein Onkel hat einen Hund, der hat schon mal eine Schnecke gefressen.
- Auch Nacktschnecken haben ein Häuschen, aber innen. Es ist nur einen Millimeter groß. Keins zum Reinkriechen. (Erstaunliche Aussage für einen Drittklässler.)
- Wann ist wohl die erste Schnecke entstanden?

Lehrer: Lange bevor es Menschen gab. Vor den Dinosauriern. Aber das wisst ihr vielleicht auch.

- In Steinen gibt es manchmal Abdrücke.
- Ich habe eine Schneckenhausfossilie zuhause.

Mehrere Kinder erzählen von Steinbrüchen und Fossilien. Sie können den anderen auch erklären, was ein Fossil ist.

Lehrer: Wie alt werden Schnecken?

- Ich hab zuhause ein Buch, da steht von vielen Tieren drin, wie alt sie werden. Ein Regenwurm wird neun Jahre alt. Aber eine Schnecke weiß ich nicht.

Der Schüler erhält den Auftrag, nachzulesen und in der nächsten Woche zu berichten, was er herausgefunden hat.

Lehrer: Wie könnte man nachprüfen, wie alt eine Schnecke wird?

- In einem Riesengehege. (Das finden einige zu unübersichtlich.)
- Unter der Schnecke, da wird sie immer schmutzig. (Diese Idee wird verworfen. Der Dreck geht ja vielleicht weg, wenn es regnet.)
- An den Muskeln.
- Nein, an den Muskeln geht das nicht so gut, weil wir doch nicht wissen, ob es immer mehr werden.
- Man kann es vielleicht an den Häuschen erkennen, weil die doch immer größer werden.

Nach längerer Debatte und nachdem ein Filzstift hochgehoben wurde:

- Man könnte auf dem Häuschen einen Strich machen und gucken, wie es sich nach einer bestimmten Zeit verändert hat.
- Und dann könnte man es mit leeren Häuschen vergleichen.

Lehrer: Wir wollen jetzt auch an die Tafel schreiben, was ihr herausgefunden habt, was die Schnecken brauchen.

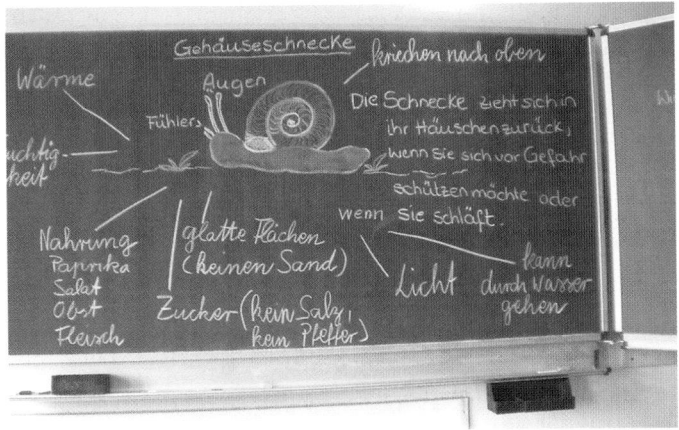

Jede Gruppe gibt kurz an, was an die Tafel geschrieben werden soll.

Zur Feuchtigkeit berichten die Kinder, dass sie besonders viele Schnecken gefunden haben, weil es bei der Suche etwas geregnet hat.

Lehrer: Und wenn die Sonne scheint, habt ihr da keine Häuschenschnecken gesehen?

Mehrere Kinder erzählen, dass die Häuschenschnecken zwar ganz gerne im Feuchten sind, dass sie aber auch Wärme brauchen. Und wenn es zu trocken ist, können sie ja in ihr Häuschen kriechen.

Lehrer: Und warum brauchen die Nacktschnecken kein Häuschen?

- Sie brauchen mehr Feuchtigkeit als die Häuschenschnecken.
- Sie bleiben deshalb auch in der Nähe von ihrem Versteck.
- Sie können sich nicht so schnell verkriechen wie die Häuschenschnecken, deshalb sind sie nicht so oft oben.
- Sie bleiben in der Nähe von der Erde, wo es feucht ist.
- Sie verkriechen sich, wenn es zu warm ist.

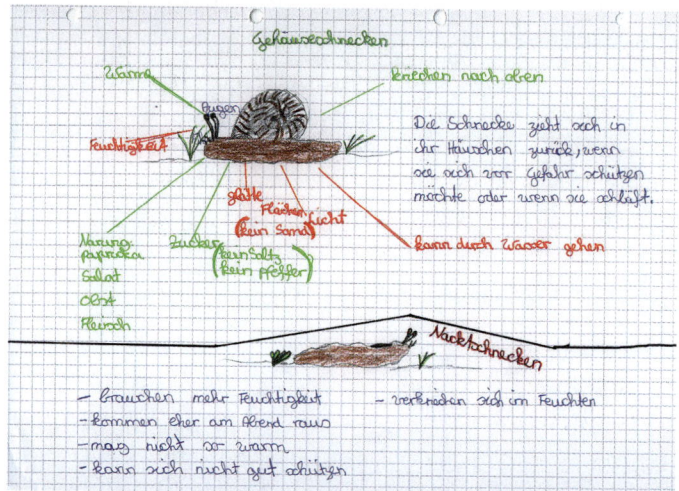

- Sie kommen nur raus, wenn es regnet.
- Und am Abend.

Auch die Aussagen über die Nacktschnecken werden an der Tafel festgehalten. Die Schüler werden aufgefordert, die gesammelten Informationen für sich zu übertragen.

# 9.6 Mehlwürmer

### 28. Oktober 2005

Die Drittklässler haben vor einigen Tagen bereits das neue Thema erfahren und Informationen dazu gesammelt. Zwei Schüler berichten, dass Mehlwürmer nicht nur Haferflocken, sondern auch Kartoffeln und Karotten fressen und dass aus Mehlwürmern kleine Käfer entstehen, denn Mehlwürmer sind keine Würmer, sondern Maden, die sich häuten, wenn sie wachsen. Aber die meisten haben noch keine Mehlwürmer gesehen.

Zunächst ist das Igitt-Geschrei vorherrschend. Viele Schüler wollen die Mehlwürmer nicht anfassen, andere fassen demonstrativ in den Eimer und nehmen eine Handvoll heraus. Ein wenig hat dies den Charakter einer Mutprobe.

Gemeinsam wird überlegt, was man erforschen könnte, wobei sehr schnell die Kriterien, die bei den Schnecken untersucht wurden, genannt werden:

- warm – kalt
- hell – dunkel
- glatt – rau
- oben – unten
- Salz – Zucker (Pfeffer wird abgelehnt)
- was sie fressen
- ob sie Wasser trinken
- wie sie Eier legen (ein Schüler meint, gelesen zu haben, dass sie Eier legen)

Die Schüler überlegen in den Gruppen, was sie erforschen wollen. Sie dürfen auch mehrere Aspekte gleichzeitig erforschen, wenn sie das schaffen. Sie werden auch daran erinnert, dass es wichtig ist aufzuschreiben, was sie beobachten, denn die nächste gemeinsame Forscherstunde ist in zwei Wochen (wegen Herbstferien).

Immer mehr Schüler gehen mit den Mehlwürmern selbstverständlich um. Sie beobachten die Bewegungen und bitten um Lupen, um sie genauer untersuchen zu können. Die Beine werden von unten mit der Lupe angesehen und die Beißwerkzeuge entdeckt. Berührungsängste sind kaum noch zu sehen, sondern wachsendes Interesse.

Die Terrarien werden eingerichtet und erste Ergebnisse verkündet:

- Die Mehlwürmer gehen lieber ins Kalte als ins Warme.

Dies wird von beiden Gruppen, die diesen Aspekt untersucht haben, festgestellt.

- Sie lieben eher die Dunkelheit.

Auch dies haben zwei Gruppen untersucht. Dabei wird auf den Vorschlag der Lehrer das Terrarium mit Tonpapier in zwei Bereiche aufgeteilt; die Mehlwürmer können unter dem Tonpapier die Bereiche wechseln. Auch wird ein dunkles Hemd zur Verdunklung benutzt.

In der Zoohandlung war gesagt worden, dass bei Raumtemperatur die Käfer bereits innerhalb einer Woche entstehen könnten. Deshalb kommen die Erkenntnisse der Schüler für uns gelegen, dass die Mehlwürmer lieber niedrigere Temperaturen und Dunkelheit haben wollen, denn damit kann die Lagerung der Terrarien in der Gartenhütte während der einwöchigen Herbstferien begründet werden.

Für diese Zeit werden alle Terrarien mit Haferflocken und Kartoffeln ausgestattet.

Mehrere Kinder wollen Mehlwürmer mit nach Hause nehmen und dort weiter beobachten. (Hoffentlich gibt es keinen Ärger mit den Eltern. Ein Schüler hatte vorgelesen, dass zehn bis zwölf Mehlwürmer zur Beobachtung in einem Marmeladenglas mit Haferflocken gehalten werden können.)


## 11. November 2005

Die Terrarien stehen schon auf den Tischen, als die Stunde beginnt. Die Drittklässler haben die Terrarien seit Montag wieder im Klassenzimmer. Sie berichten den Fünftklässlern, was sie beobachtet haben. Diese beteiligen sich aber sehr bald mit eigenen Beobachtungen.

- Ich hab gesehen, dass sie Karotten gefressen haben – mehr als Äpfel.
- Als wir sie aus der Hütte geholt haben, haben sie doll gezappelt.
- Bei uns war die Karotte am wenigsten angenagt.
- Bei uns haben sie in die Karotte einen Tunnel gefressen.
- Vielleicht ist es bei den Mehlwürmern wie bei uns. Wir haben ja auch verschiedenen Geschmack.

- Bei uns haben sie die Kartoffel abgefressen.
- Bei uns ist eine Höhle in die Kartoffel gefressen, da schlafen die Mehlwürmer drin.
- *Auf* den Stein ist nur einer gekrabbelt, aber ganz viele um den Stein herum.

Lehrer: Können die Mehlwürmer sehen? Haben sie Augen?
- Sie können keine Farben sehen, nur Schwarz und Weiß. (Drittklässlerin; sie hat Informationsmaterial nicht nur mitgebracht, sondern auch gelesen. Einige Mitschüler bestätigen ihre Aussage.)
- Bei uns haben sie in den Apfel ganz viele Löcher gebohrt.
- Hier sieht man gerade, dass einer eine Höhle in die Birne bohrt.
- Ich glaube, dass sie um den Stein gekrabbelt sind, weil sie das Glatte mögen, aber sie können nicht gut drauf krabbeln.
- Vielleicht, weil sie keinen Schleim haben wie die Schnecken.
- Bei uns kamen sie auch nicht auf den Stein.
- Auf den Apfel konnten sie drauf.
- Bei uns haben sie sich vergraben
- Bei uns wollen sie an der Wand hoch. Aber da rutschen sie immer ab.
- Vielleicht fressen die Mehlwürmer Äpfel, weil da Vitamine drin sind.
- Mehlwürmer können rückwärts kriechen. (Dies wird von anderen Gruppen bestätigt.)
- Die kriechen und machen dabei Wellen, rauf und runter.
- Am Anfang waren sie auf dem Sägemehl, aber jetzt sind sie auf dem Sand.
- Sie haben vorn sechs Beine und ziehen beim Kriechen den Körper nach.
- Wenn sie schwarz sind, sind sie tot.
- Die Schnecken können mit dem Schleim – der ist wie Kleber – eine Spur machen, auf der sie kriechen, aber die Mehlwürmer rutschen ab.

- Die Schnecken saugen sich fest. Sie haben einen Saugfuß. Die Mehlwürmer haben nur sechs Beine vorn.
- Ein Mehlwurm bei uns ist immer dicker geworden.

Dass sie sich häuten ist für alle eine Selbstverständlichkeit.
- Sie haben an den Füßen kleine Härchen. Die kann man mit der Lupe sehen. Vielleicht können sie sich damit festhalten.
- Sie haben einen Stachel hinten.

In den Gruppen werden jetzt Protokolle geschrieben. Dabei wird auch weiter beobachtet. Dazu liegen wieder Lupen bereit.

Eine Gruppe nach der anderen siebt die Ausscheidungen und damit auch andere kleine Teilchen ab. Tote Mehlwürmer werden entfernt. Nun kann man die Mehlwürmer und das Futter noch einmal genauer untersuchen.

In einigen Gruppen werden neue Formen entdeckt und mithilfe des mitgebrachten Internetauszugs als Mehlwurmpuppen identifiziert.

Danach werden die Terrarien mit den Mehlwürmern, Sägespänen und Nahrung wieder gefüllt. Ein bisschen Zeit bleibt noch, um die Beiträge zur gemeinsamen Veranstaltung mit den Klassen 3B und 4A vorzubereiten.

*Überarbeitete Protokolle von Fünftklässlern*

Gruppenname: Alexander, Jannick, Frauke, Sandrin

Versuchsname: Rau oder glatt

Aufbau: Wir haben erst Sand und Sägespänne auf beiden Seiten gleichmäßig verteilt. Dann haben wir die Schnecken in das Terarium gesetzt.

Vermutung: Wir haben vermutet das die Schnecken lieber auf dem Stein grichen. Denn es ist bestimmt ungemütlich, wen man auf picksenden Zeug gricht.

Beobachtung: Unsere Schnecken sind meistens auf dem Stein rumm gekrochen. Eine Schnecke ist im Kreislauf gerochen. Denn sie ist vom Stein gekrochen, dann ist sie ganz nach oben gekrochen, und hat sich dann hinunter, auf den Stein fallen lassen. Die andere ist nur auf den Stein gekrochen. Bis sie dann endlich den längeren Weg über die Sägespäne gekroche war.

Lösung: Die Schnecken gehen lieber auf's glatt.

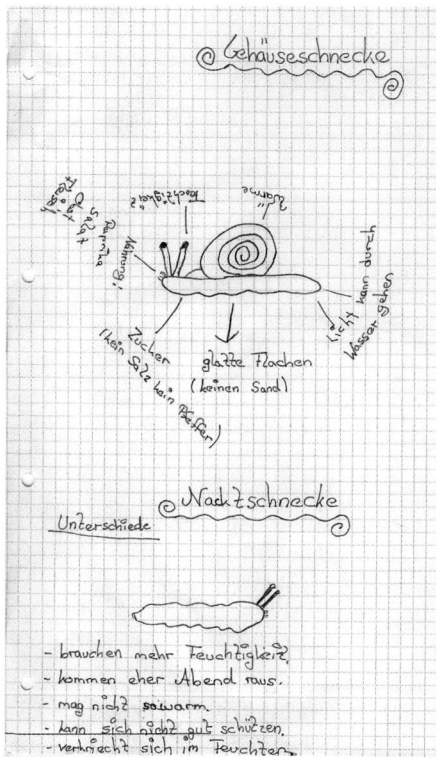

Gehäuseschnecke

Nacktschnecke

Unterschiede

- brauchen mehr Feuchtigkeit.
- kommen eher Abend raus.
- mag nicht so warm.
- kann sich nicht gut schützen.
- verkriecht sich im Feuchten.

<u>Gruppenname</u>: Josef, Katharina, Maximilian,

<u>Versuchsname</u>: Salz, Pfeffer, und Zucker

<u>Vermutung</u>: Wir haben vermutet, dass die
Schnecke auf den Zucker kriecht.

<u>Ablauf</u>: Wir haben zuerst das Taxxarium
gesäubert. Wir haben 3 Blätter
in das Taxxarium gelegt und darauf
das Salz, den Zucker und den Pfeffer
gestreut.

<u>Lösung</u>: Wir haben herausgefunden, dass
sie alle, bis auf eine Schnecke, zu dem
Zucker gekrochen sind. Eine
Schnecke ist zum Salz gekrochen.
Wir haben sie beobachtet und haben
herausgefunden, dass alle außer
einer Schnecke zum Zucker
gekrochen sind.

Zeichnung:

Salz   Pfeffer   Zucker

<u>Grund drei:</u>

Von den roten Rüben haben die Schnecken gar nichts
gefressen. Ich vermute, dass die Schnecken es nicht
fressen, weil sie auf ihren Schleim schwimmen und
wenn sie auf die roten Rüben gegangen wären, wäre
ihr Schleim rot.

In wirklichkeit kann man sagen, dass wir uns sehr
getäuscht haben. Wenn es viel Auswahl giebt,
dann kann man feststellen, dass salat nicht
unbedingt ihre Lieblingsspeie ist.

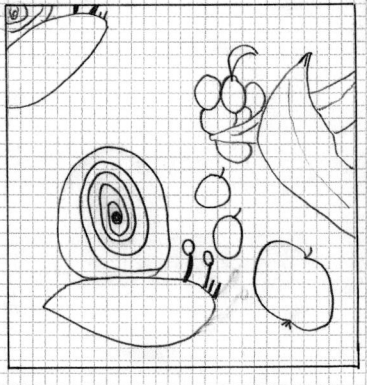

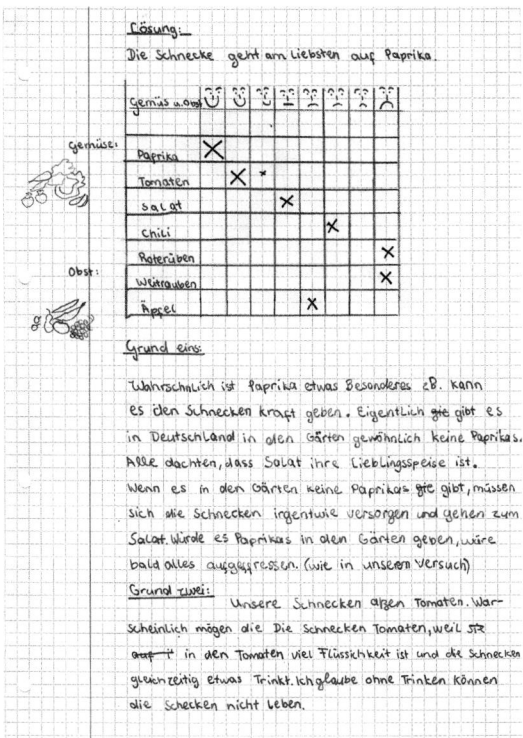

Lösung:

Die Schnecke geht am Liebsten auf Paprika.

Grund eins:

Wahrscheinlich ist Paprika etwas Besonderes z.B. kann es den Schnecken kraft geben. Eigentlich gie gibt es in Deutschland in den Gärten gewöhnlich keine Paprikas. Alle dachten, dass Salat ihre Lieblingsspeise ist. Wenn es in den Gärten keine Paprikas gie gibt, müssen sich die Schnecken irgentwie versorgen und gehen zum Salat. Würde es Paprikas in den Gärten geben, wäre bald alles aufgefressen. (wie in unserem Versuch)

Grund zwei:        Unsere Schnecken aßen Tomaten. Warscheinlich mögen die Die Schnecken Tomaten, weil ffz auf i in den Tomaten viel Flüssichkeit ist und die Schnecken gleichzeitig etwas Trinkt. Ich glaube ohne Trinken können die Schecken nicht Leben.

# Gemeinsame Veranstaltung der Klassen 3A, 3B, 4A und 5

Im Raum zwischen den Klassenzimmern sitzen etwa 80 Schüler mit vier Lehrerinnen.

Es dauert eine Weile und braucht einige Überredungskunst, bis die erste Gruppe vorn steht, um ihren Versuch vorzutragen. Aber danach fällt es zunehmend leichter, sich zu melden. Ohne vorherige Absprache der Reihenfolge kommen die Gruppen nacheinander dran.

Nach einiger Zeit werden auch Fragen an die Gruppen gestellt, denn die Ergebnisse sind nicht immer gleich, auch wenn

die gleiche Frage gestellt wurde. Es wird fast wie eine kleine Fachkonferenz, wo Ergebnisse und Meinungen ausgetauscht werden. Die Schüler merken, dass es sich lohnt nachzufragen, um zu wissen, woher die unterschiedlichen Ergebnisse kommen. Sie lernen noch mehr als im Klassenverband, auch ihre eigenen Ergebnisse noch einmal zu überdenken.

Es ist eng, und trotzdem gelingt es fast allen bis zum Ende, zwei Schulstunden lang ziemlich konzentriert zuzuhören. Es ist spannend zu sehen, wie manche Schüler, die im Klassenverband mutig erschienen sind, jetzt anderen den Vortritt lassen. Einige Schüler schaffen es recht gut, richtig mit dem Mikrofon umzugehen, andere haben dabei noch Schwierigkeiten.

**25. November 2005**

Das Quartal ist zwar schon zu Ende, aber wir haben heute noch eine zusätzliche Stunde. Die Schüler erzählen, wie sie die gemeinsame Veranstaltung am 18. November erlebt haben. Sie melden sich eifrig und berichten zunächst über die Inhalte und meinen,

- dass es spannend war zu hören, was die anderen gemacht haben,
- dass die was anderes zum Fressen angeboten haben, Katzenfutter zum Beispiel,
- dass manchmal zwar was Gleiches gemacht wurde, aber dabei etwas anderes herausgekommen ist,
- dass man dann überlegen konnte, warum manche etwas anderes gefunden hatten.

Es wird auch darüber gesprochen, dass es ziemlich lang war und manche am Ende nicht mehr zuhören konnten.
- Aber ich habe es bis zum Schluss spannend gefunden.

Andere stimmen dem zu.

Sie sprechen dann auch darüber, dass es gar nicht so leicht war, vorn zu stehen und etwas sagen zu müssen. Sie berichten von dem Kribbeln im Bauch.

Manche haben dann einfach gesagt: Mach du es.

Andere berichten, dass sie manches vergessen hatten, was sie eigentlich erzählen wollten. Mehrere Schüler sagen, dass sie vorher mehr hätten üben sollen, aber auch, dass sie es nicht so gewohnt sind, vor so vielen Leuten zu sprechen. Eine Schülerin erzählt, dass es ihr Spaß gemacht hat, vorn zu stehen und den anderen zu berichten.
- Ich habe vorher auf einen Zettel geschrieben, was ich sagen wollte. Deshalb konnte ich nichts vergessen.

Schließlich kommen wir noch einmal auf die Mehlwürmer zurück. Die Terrarien werden auf die Gruppentische gestellt, und es dauert eine Weile, bis die Schüler wieder zuhören können.

In einem Terrarium ist ein Mehlkäfer. Tobias nimmt ihn auf die Hand und geht von Tisch zu Tisch, um ihn zu zeigen. Auch die Puppen werden noch einmal genauer angeschaut.
- Der Käfer sieht von unten so aus wie die Puppe.
- Der Käfer ist aus der Puppe herausgekommen.

- Zuerst war der Mehlwurm, dann ist daraus eine Puppe geworden und aus der Puppe dann der Mehlkäfer.

Lehrer: Am Anfang hat jemand gesagt, dass der Wurm Eier legt.
- Nein, der Käfer legt Eier, und daraus kommt der Mehlwurm. Und der muss ganz viel fressen, und dann verpuppt er sich.

Lehrer: Ist das wie beim Schmetterling? Macht der auch so einen Faden?
Diese Frage können auch die Experten, die sich im Internet und in Büchern informiert haben, nicht beantworten. Auch wir Lehrer sind überfragt. Einige Schüler wollen sich informieren und dann den anderen berichten.
Gemeinsam wird überlegt, was am Ende mit den Mehlwürmern und Mehlkäfern gemacht werden soll.
- Wir warten, bis überall die Mehlkäfer herausgekommen sind und Eier gelegt haben. Dann haben wir ganz viele Mehlwürmer.
- Wir könnten sie aufheben bis zum Frühjahr und dann aussetzen.

Lehrer: Habt ihr mal an dem Terrarium gerochen?
- Das stinkt ein bisschen.

Lehrer: Wir haben im Zoogeschäft die Mehlwürmer gekauft. Wozu werden sie gebraucht?
- Zum Angeln.
- Für manche Tiere, Eidechsen fressen Mehlwürmer.
- Mein Vogel frisst Mehlwürmer.
- Wir könnten sie zurückbringen ins Zoogeschäft.

Lehrer: Gibt es auch im Garten Tiere, die Mehlwürmer fressen?
- Eidechsen.
- Vögel.
- Igel.

- Die Igel freuen sich bestimmt, wenn sie am Reisighaufen Mehlwürmer finden. Wir haben ja auch die Schnecken dorthin gebracht.

Am Ende wollen wieder einige Schüler Mehlwürmer mit nach Hause nehmen. Die Gruppen wollen noch bis zur nächsten Woche die Terrarien behalten und beobachten, ob sich aus den zahlreichen Puppen noch mehr Mehlkäfer entwickeln. Abschließende Protokolle werden in der nächsten Woche geschrieben, um das Projekt abzuschließen.

Aus den Schneckenprotokollen soll ein kleines Buch entstehen für jeden beteiligten Schüler.

*Protokolle über Mehlwürmer*

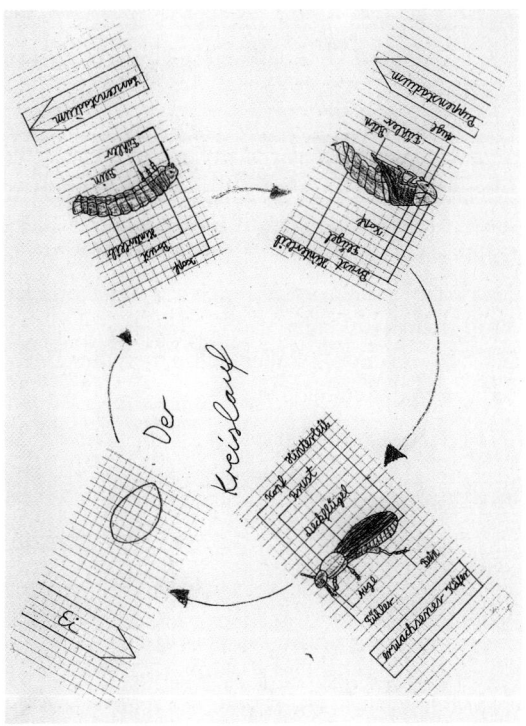

Die Mehlwürmer   Gruppenname: Luisa Lukas
                                  Fabian Fabian

Versuch: Glatt oder rau

Frage: Wer legt die eier?

    Die eier legt der Mehlkäfer  die Mehlwürmer
Vermutung: Das sie auf raue gehn   verpuppen sich und
                                    werden zu
                                    Mehlkäfer

Versuchsbeschreibung: Wir haben in das Terrarium
                Steine Sägemehl und Sand
                dann haben wir die Mehl-
                würmer reingesetzt

Beobachtung: die Mehlwürmer kommen nicht
         auf die Steine, sie sind immer abgerutscht

Bild:

# 10
# Eine Auswahl von Projekten

Eine Auswahl von Projekten, die wir in der Grundschule und im Kindergarten mit Erfolg erprobt haben.

Viele Fragen sind so formuliert, dass die Kinder diesen widersprechen müssen.

## 10.1 Kinder als Forscher

### Warm und kalt

1. Wie kann Eis kühlen, wenn es dabei selbst warm wird?
2. Teddy hat Fieber, aber er friert nicht.
3. Julia sagt, die warme Milch kann nicht kalt werden.
4. Im Monat August hat Martin Geburtstag. Er wünscht sich Eis für sich und seine Freunde. Dazu braucht er Gefäße, in denen das Eis sich länger halten soll, denn im Kühlschrank ist kein Platz dafür. Können Martin und seine Freunde Kühlboxen selbst basteln? Was brauchen sie dazu?

### Tiere und ihre Lebensgewohnheiten

1. Hans sagt, Katzen essen auch Gemüse, alle Hunde sehen aus wie ein Pudel.

2. Ingrid möchte am liebsten einen Hund bei sich haben. Sie wohnt in einer sehr kleinen Wohnung mit ihren Eltern. Kann sie dann einen Bernhardiner als Haustier haben?

3. Erst das Hörspiel *Hau ab du Stinker* von Marieluise Ritter[*] hören, danach die Eigenarten von einem Stinktier und Waschbär kennen lernen.

4. Johanna sagt, Tiere schlafen nie und können im Dunklen sehen.

5. Eric meint, der Maulwurf hält Winterschlaf. Johanna sagt, dass nur der Siebenschläfer im Winter schläft, andere Tiere nicht.

6. Kinder betrachten ein Vogelnest, Spinnennetz usw.

7. Schau, diese Schnecke hat ein Haus und diese nicht.

## Schwimmen und sinken

Kinder bekommen die Episode „Pu entdeckt den Nordpol" aus *Pu der Bär*[**] vorgelesen. Danach beschäftigen sie sich mit folgenden Fragen:

1. Pu rettet Ruh. Können Tiere nicht schwimmen?

2. Ein Gummibärchen geht im Wasser unter, oder?

3. Marianne sagt, sie kann eine Gummiente oder einen Gummiball in die Wasserwanne tauchen, und beide bleiben auf dem Boden der Wanne liegen. Muss Pu der Bär sie herausfischen?

4. Alexander sagt, dass er im Wasser seinen Vater auf bloßen Händen tragen kann.

5. Marianne meint, eine Luftmatratze kann man leicht unter Wasser halten.

6. Materialien aus der Küche (Zucker, Salz, Erbsen, Linsen, Sirup, Marmelade, Mehl, Rosinen, Holzlöffel, Teelöffel usw.) werden auf ihre Schwimmfähigkeit getestet, ebenso verschiedene Gemüse- und Obstsorten.

---

[*]  Figurentheater Frankfurt am Main.
[**] Milne, A. A. (1996). *Pu der Bär*. München: dtv junior.

7. Eine Kugel aus Knete kann nicht schwimmen. Kann man sie so umformen, dass die Knete schwimmt?

## Wasser

1. Können wir so nass werden wie unsere Kleider?
2. Wir machen einen Perlenwald mit Wassertropfen.
3. Wir bilden Tropfen auf unserem Körper, auf Alufolie, auf Glas, auf Papier, auf Watte usw.
4. Wir stellen eine mit Wasser gefüllte Glasflasche in das Tiefkühlfach.
5. Können Tiere ohne Wasser leben?
6. Kann man verschmutztes Wasser reinigen?
7. Warum muss man die Zimmerpflanzen immer wieder begießen? Fressen sie das Wasser auf?
8. Kann man mit Wasser heiße Steine oder heißen Boden kühlen?
9. Martina sagt, sie braucht sich nach dem Schwimmen nicht abzutrocknen. Die Luft trocknet sie von alleine, und sie friert dabei gar nicht.
10. Kann man mit Wasser, einer Heizplatte und einem Topf mit Deckel Geräusche erzeugen?
11. Wie lange braucht das Wasser in einer Teetasse, in der Sonne beziehungsweise im Schatten, um zu verdunsten?
12. Würde das Wasser in einer weißen oder farbigen Teetasse besser verdunsten?

## Pflanzen, Pilze, Kaktus usw.

1. Warum heißt Löwenzahn nicht „Elefantenzahn"?
2. Warum wächst der Löwenzahn nicht im Wald, sondern auf den Wiesen?
3. Braucht Löwenzahn Wasser? Wie bekommt er das Wasser?
4. Auf einer Wiese wächst der Löwenzahn sehr hoch, und auf der anderen bleibt er klein. Warum ist das so?

5. Nachts geht die Blüte des Löwenzahns zu. Hat sie Angst vor der Dunkelheit?
6. Im Wald gibt es Stellen, wo Kräuter wachsen. Doch sie verschwinden, sobald die Bäume sich zu belauben beginnen.
7. Löwenzahnhonig kann man bekommen, indem man die Blüten mit Zucker kocht.
8. Wir stellen Löwenzahnhonig her.
9. Bekommt man Bienenhonig, wenn man die Bienen kocht?
10. Gibt es Waldhonig, obwohl die Waldbäume keine Blüten haben?
11. Pilze fressen die Baumrinde von abgefallenen Hölzern. Sind Pilze Lebewesen? Sind Pilze Pflanzen? Wir vergleichen Pilze mit Löwenzahn.
12. Wir beobachten Brotschimmel. Kann Brot auch im Dunkeln verschimmeln?
13. Wir betrachten Sporen unter einer Lupe. Wo kommen die Sporen her?
14. Wir stellen Schimmelkäse her.
15. Ist Kaktus ein Pilz?
16. Wachsen Bohnen in Teewasser, in Zuckerwasser oder in reinem Wasser besser?
17. Sondern Pflanzen Feuchtigkeit ab?

## Wir und unser Körper

Kinder bekommen *Kein Kuss für Mutter** vorgelesen und beschäftigen sich mit folgenden Fragen:
1. Tobi Tatze reibt die Zahnbürste gegen das Waschbecken, weil er seine Zähne nicht putzen will. Bekommt er dann Zahnschmerzen?
2. Hat Tobi Tatze auch Milchzähne? Haben Erwachsene und Kinder gleich viele Zähne?

---

* Ungerer T. (2006). *Kein Kuss für Mutter.* Zürich: Diogenes.

3. Wie oft schlägt das Herz von Mira, Martin und Max in einer Minute?
4. Kann Tobi Tatze besser hören als wir? Wie tief kann man in das Ohr und in die Augen mit einer Lupe hineinsehen?
5. Haben auch Insekten, zum Beispiel eine Spinne oder eine Ameise, ein Herz? Wo sitzt das Herz bei den Tieren?
6. Wo auf der Zunge schmeckt man Salz oder Zucker am besten?
7. Ist die Ärmellänge bei Mädchen und Jungen gleich?

## Zahlen und mehr

1. Wir backen Karottenkuchen und benutzen dazu einen Messbecher, eine Waage und verschiedene Backformen. Wir backen nach Omas Rezept.
2. Wir verwandeln uns in Zahlen: Maja ist 1, Julia 2, Sabine 3 usw. Jeder trägt seine Zahl gezeichnet auf ein Stück Pappe. Acht (Julian) wiegt acht Gramm Zucker ab. Drei (Sabine) holt drei Scheiben Karotten usw.
3. Den fertig gebackenen Kuchen schneiden wir in Scheiben. Jedes Kind halbiert eine Scheibe. Wenn nicht alle gleich viel Scheiben bekommen können, dann teilen wir die Hälften noch einmal. Wir vierteln also usw.
4. Kinder lernen schätzen: Reicht dieser Haufen Kekse für alle usw.? Sehen die verschiedenen Kekssorten gleich aus? Welche sind größer als die runden usw.? Sind wir alle gleich groß? Welche Schuhgröße hat Sabine usw.? Du darfst jetzt deine Mutter anrufen, hier die Nummer: 64532.

## Kinder als Künstler

1. Welche Farben hat der Regenbogen?
2. Julian sagt, er kann aus Blau, Rot und Gelb andere Farben wie Grün, Purpur und Orange zaubern.
3. Wir malen mit den Fingern und mit Fußspitze und Pinsel.

4. Kinder sammeln aus der Umgebung zum Beispiel Blätter, kleine Steine, Federn, Gräser, Blumenblätter, Muscheln, Sand, Kies, Hölzer (Rinde) usw. Die Sammlung können sie draußen auf dem Boden, Rasen oder auf Papier zu beliebigen Mustern zusammensetzen, mit Farben ergänzen oder in eine Figur aus Knete hineindrücken und somit „Kunstwerke" herstellen. Kinder beobachten ausgewählte Abdrücke von Kunstwerken als Anregung. Julia porträtiert Sebastian, Hans malt sein Haus usw.

## Kinder als Musiker

1. Mit Materialien (zum Beispiel Blechdosen, Stangen aus Holz und Tellern aus Metall, Gläsern, unterschiedlich gefüllt mit Wasser usw.) und durch Händeklatschen, Füßestampfen, Schnalzen mit der Zunge, Pfeifen, Zischen, Pusten usw. Musik machen.
2. Kinder bauen Musikinstrumente.

## Kinder als Schauspieler

1. Kinder schminken und verkleiden sich und spielen selbst gewählte Rollen usw.
2. Kinder bekommen das Buch *Ein Tiger kommt zum Tee*[*] vorgelesen. Danach versuchen sie mithilfe der Erzieherinnen, die Geschichte zu spielen. So entstehen verschiedene Variationen, die man auf einem Rekorder aufzeichnen beziehungsweise filmen kann.

---

[*] Kerr, J. (1990). *Ein Tiger kommt zum Tee*. Ravensburg: Maier.

# 11

## Naive Vorstellungen der Kinder zu den Vorführversuchen

## 11.1 Kinder untersuchen mit einem Experiment das Verhalten von warmer Luft

Das folgende Experiment wird in vielen Zeitschriften und Büchern für die Grundschule und sogar für die Kindergärten vorgeschlagen:

Eine Flasche, versehen mit einem Luftballon, wird erwärmt, der Luftballen richtet sich auf:

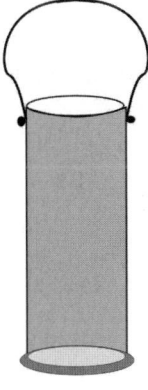

vorher

Erklärung der Kinder:

- Die warme Luft steigt nach oben.

Frage: Wie meint ihr das?

- Die Luft in der Flasche ist jetzt im Luftballon.

Wir haben dieses Experiment mit Kindern der Jahrgangsstufen 3 bis 6 wiederholt und stets festgestellt, dass die Kinder tatsächlich meinen, die Luft in der Flasche sei in den Luftballon übergegangen. Um dieses Missverständnis auszuräumen, hatten die Kinder die Gelegenheit zu überprüfen, ob der Luftballon sich auch ausdehnt, wenn man die Flasche waagerecht beziehungsweise mit ihrer Öffnung nach unten zeigend hält.

Aufgrund der neuen Erkenntnisse konnten einige Kinder ihre Vorstellungen selbstständig korrigieren. Unserer Meinung nach zeigen die Ergebnisse auch, wie schwierig es ist, vorherrschende Vorstellungen zu revidieren. Kinder hören oft den Spruch „Warme Luft steigt nach oben".

Damit verbinden sie offensichtlich die Ausdehnung der Luft nur in eine Richtung, nämlich nach oben.

## Arbeitsteilige Versuche

Eine kalte Glasflasche aus dem Kühlschrank wird mit einem leeren Luftballon verschlossen, mit der Öffnung nach unten gehalten und mit den Händen erwärmt.

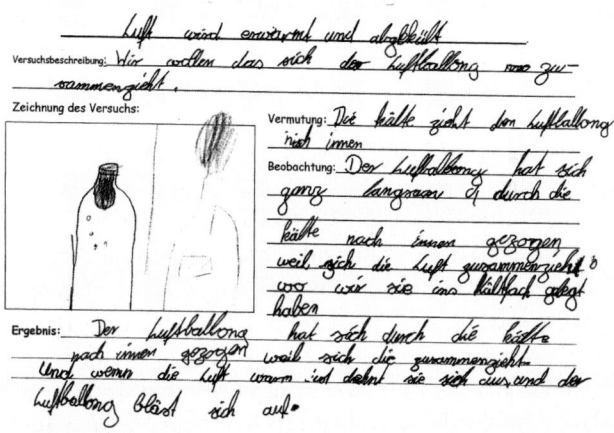

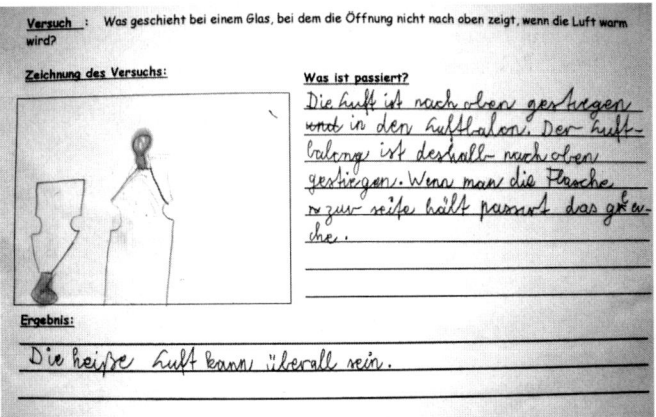

- Schüler, Klasse 3: Die Luft ist nach oben gestiegen in den Luftballon. Der Luftballon ist deshalb nach oben gestiegen. Wenn man die Flasche zur Seite hält, passiert das Gleiche.

- Die heiße Luft kann überall sein.
- Der Luftballon, den wir über eine Flasche gemacht haben und die Flasche umgedreht haben, der Luftballon (ist) aufgeblasen worden. (Fünftklässler)
- Warme Luft steigt auch nach unten, weil sie mehr Platz braucht als die kalte Luft.

Eine kalte Glasflasche wurde mit der Öffnung zur Seite mit einem leeren Luftballon verschlossen und mit den Händen erwärmt.

- Wo wir die Flasche mit unseren Händen gewärmt haben, ist die warme Luft in den Luftballon gegangen und der Luftballon hat sich aufgeblasen. (Drittklässler)
- Die warme Luft steigt nicht nur nach oben, sondern auch zur Seite, weil warme Luft sich ausbreitet und kalte Luft sich zusammenzieht.

Die Schüler fanden damit das Ergebnis des anderen Versuchs bestätigt und revidierten ihre ursprünglichen Vorstellungen:

- Die warme Luft geht dahin, wo sie Platz hat.
- Der Luftballon wurde dicker, weil die Luft in der Flasche warm geworden ist und mehr Platz gebraucht hat.

Im Anschluss an die Experimentierphase wurden folgende Tests durchgeführt:

**Test 1: Fragebogen für Schüler**
Der Test wurde im Januar 2005, drei Wochen nach der letzten
Forscherstunde in den Klassen 4 und 6 an der Schule in Hauen-
eberstein durchgeführt.

Eine Glaskugel, innen hohl, mit Öffnungen oben, unten und an
zwei Seiten, die durch Luftballons verschlossen sind, wird von
einer Wärmelampe angestrahlt. Die Kugel und die Luft darin
werden warm.
   Male, wie die Kugel mit den Luftballons nach dem Erwärmen
aussieht.
Begründe deine Überlegungen!

Bild 1

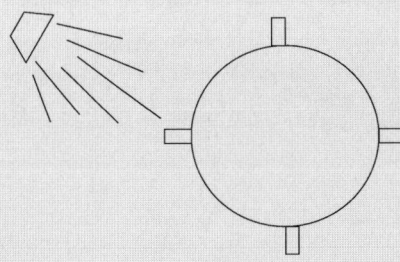

Bild 2

Forscherstunden
Name: .Katharina...........

Klasse: 4a
Datum: 15.01.05.

Fragebogen für Schüler

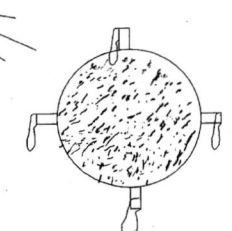

Eine Glaskugel innen hohl, mit Öffnungen oben, unten und an zwei Seiten, die durch
Luftballons verschlossen sind, wird von einer Wärmelampe angestrahlt. Die Kugel und die
Luft darin werden warm.

Male, wie die Kugel mit den Luftballons nach dem Erwärmen aussieht.

Und die Luftteilchen
darin durch eine
magische Brille
gesehen?
Wie könnten sie
vorher aussehen?
Und wie nach dem
Erwärmen?

Begründung: Den Luftteilchen wird es zu warm und
wollen nach draußen. Weil die Lampe die
Kugel erhitzt. Aber sie sind verteilt geblieben
weil sie durch alle Öffnungen nach draußen wollen.

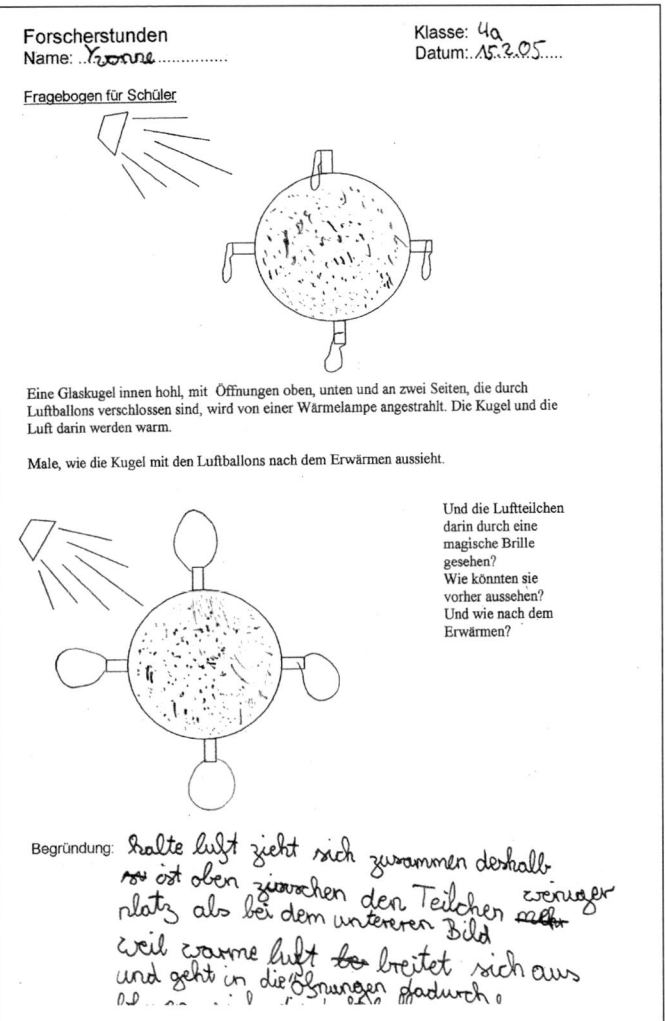

Forscherstunden
Name: ..Yvonne...............

Klasse: 4a
Datum:..15.3.05.....

Fragebogen für Schüler

Eine Glaskugel innen hohl, mit Öffnungen oben, unten und an zwei Seiten, die durch
Luftballons verschlossen sind, wird von einer Wärmelampe angestrahlt. Die Kugel und die
Luft darin werden warm.

Male, wie die Kugel mit den Luftballons nach dem Erwärmen aussieht.

Und die Luftteilchen
darin durch eine
magische Brille
gesehen?
Wie könnten sie
vorher aussehen?
Und wie nach dem
Erwärmen?

Begründung: kalte luft zieht sich zusammen deshalb
ist oben zwischen den Teilchen weniger
platz als bei dem unteren Bild
weil warme luft breitet sich aus
und geht in die Öffnungen dadurch.

## Auswertung Klasse 4 mit insgesamt 25 Schülern

**Elf Schüler** haben mehr oder weniger große Luftballons an die
Öffnungen gemalt und Luftteilchen gleichmäßig in Glaskugel
und Luftballons verteilt:

Venn die Flasche erwärmt ist, wollen die Luftteilchen raus. )eswegen gehen die Luftteilchen in die Luftballons.

- Bei Bild Nr. 1 ist die Kugel kalt, und die Luft bleibt. Bei Bild Nr. 2 ist sie warm geworden und die Luft dehnt sich aus und geht in die Luftballons.
- Ich habe es so gemalt, denn wenn ich die Kugel erwärme, breitet sich die Luft aus, und bei der Kalten zieht sie sich zusammen.
- Am Anfang ist kalte Luft in der Glaskugel gleichmäßig verteilt. Wenn die Luft erwärmt wird, dehnt die Luft sich in die Luftballons aus.
- Den Luftteilchen wird es zu warm, und sie wollen nach draußen, weil die Lampe die Kugel erhitzt. Aber sie sind verteilt geblieben, weil sie durch alle Öffnungen nach draußen wollen.
- Ich habe es so gemalt, denn wenn die Luft warm wird, dehnt sie sich aus und geht in die Luftballons. Aber in der Kugel ist auch noch Luft.
- Die Luft erwärmt sich und die Luft breitet sich aus, und dann werden die Luftballons aufgeblasen.
- Die Luft wird erwärmt und dehnt sich aus, und ein bisschen entwischt in die Luftballons.
- Wenn Luftteilchen erwärmt werden, dehnen sich die Luftteilchen aus und beanspruchen mehr Platz. Zwar geht ein Teil nach oben, aber unten und rechts und links werden auch welche hingedrückt.

**Sieben Schüler** haben ebenfalls mehr oder weniger große Luftballons an die Öffnungen gemalt, aber die Luftteilchen wurden nur in die Glaskugeln gemalt. Die Begründungen passen aber zu den obigen:

- Bei der kälteren Kugel waren die Luftmoleküle eingeengt, aber bei der Erwärmung der Luft haben sich die Luftmoleküle ausgebreitet. Deswegen haben sich die Luftballons aufgeblasen.
- Die Luft verteilt sich und geht so in jeden Luftballon gleich.
- Die Luft zieht sich bei kalt zusammen und bei warm dehnt sich die Luft aus.

- Weil die warme Luft sich ausdehnt, weil sie heraus will und dadurch die Luftballons aufgeblasen …
- Wenn die Luft erwärmt wird, breitet sie sich aus (dehnt sie sich aus).
- Wenn Luft erwärmt wird, dehnt sie sich aus und will raus, und der Luftballon bläst sich auf.
- Kalte Luft zieht sich zusammen. Deshalb ist oben zwischen den Teilchen weniger Platz als bei dem unteren Bild. Weil warme Luft sich ausbreitet und in die Öffnungen geht. Dadurch blasen sich die Luftballons auf.

**Sieben Schüler** sind noch nicht so weit, aber bereits auf dem Weg:

- Mit sehr kleinen Luftballons an den Öffnungen, aber vielleicht richtig gemeint: Wenn Luft erwärmt wird, dehnt sie sich aus.
- Die Luftteilchen sind in der unteren Kugel verstärkt außen in der Kugel gemalt, die aufgeblasenen Luftballons sind ohne Luftteilchen: Die Luft will aus der Kugel raus, und so kommt viel Luft in die Luftballons.
- Mit aufgeblasenen Luftballons an den Öffnungen, Luftteilchen nur in der Glaskugel gezeichnet: Wenn Licht auf die Glaskugel scheint, will die Wärme heraus, und dann weicht die Wärme in die Luftballons.
- Mit kleinen Luftballons, aber gleich groß aufgeblasen, ohne eingezeichnete Luftteilchen: Ich zeichne so, weil „die Luft immer überall ist".
- Nur jeweils ein oder zwei kleine Luftteilchen in den kleinen aufgeblasenen Luftballons (der untere etwas größer als die anderen): Ich habe gesehen, dass, wenn es kalt ist, die Luftballons runterhängen, und wenn es warm ist, sie hochsteigen.
- Aufgeblasene Luftballons ohne Luftteilchen (vielleicht richtig gemeint): Oben bei der Kugel, wo es noch kalt ist, da ist nicht genug Sauerstoff, und deswegen füllen sich auch nicht die Luftballons. Unten ist der Ball wärmer, und deswegen drückt der Sauerstoff gegen alles und füllt damit die Luftballons.

- Der obere Luftballon enthält deutlich mehr Luft als der untere und die beiden seitlichen, die mit kleinen Kreuzen gekennzeichnet sind: Weil die warme Luft nach oben steigt. Die Luftballons mit dem Kreuz, da ist weniger Luft drin.

## Auswertung Klasse 6 mit insgesamt zwölf Schülern

**Neun Schüler** haben an den Öffnungen jeweils etwa gleich große Luftballons mit Luftteilchen gezeichnet:
- Durch das Erwärmen dehnt sich der Luftballon.
- Die Luft breitet sich aus und steigt in die Luftballons. So werden sie aufgeblasen.
- Die Luft wird erwärmt, die Luftballons blasen sich auf, und die Luft dehnt sich auch aus.
- Die Luft dehnt sich aus und steigt in die Luftballons.
- Beim Erwärmen dehnt sich die Luft aus, und so werden die Luftballons aufgeblasen.
- In dem oberen Ballon (gemeint ist wohl die Glaskugel) ist die Luft noch kalt und breitet sich noch nicht aus, im unteren Ballon dehnt sich die Luft aus und steigt in die Ballons. Das geschieht, weil die Luft erwärmt wird.
- Die Luftballons blasen sich auf durch die Wärme der Lampe, weil die Luft dann in die Ballons strömt.
- Die Luft in der Glaskugel will durch die Wärme entfliehen. Dadurch blasen sich die Luftballons auf.
- Beim Erwärmen bläst sich der Luftballon auf. Die Luft will raus.

**Zwei Schüler** haben ebenfalls mehr oder weniger große Luftballons an die Öffnungen gemalt, aber die Luftteilchen wurden nur in die Glaskugel gemalt:
- Nach dem Erwärmen der Kugel breiten sich die Luftteilchen aus, und die Luftballons blasen sich auf.
- Weil die Wärme die Luftballons aufbläst.

**Ein Schüler** hat die Luftteilchen bei der erwärmten Kugel
außen und in die Luftballons gemalt:
- Durch die Wärme breitet sich die Luft aus und will zu allen
  Seiten raus aus der Kugel. Das ist auch die Begründung dafür,
  dass die Luftballons sich aufblasen.

## Test 2\*: Die Luft mit einer magischen Brille sehen

Unter der Annahme, dass es möglich wäre, die Luft mit einer
magischen Brille zu sehen, haben Schüler versucht, den Inhalt
der Flasche vor und nach dem Erwärmen aufzuzeichnen.

Der Luftballon wurde dicker, als die Flasche erwärmt wurde.
Hier die Vorstellungen von vier verschiedenen Schülern, wie die
Luft nach dem Erwärmen in der Flasche mit Luftballon verteilt
war.

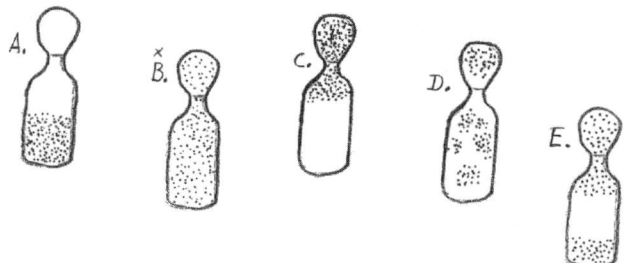

\* Nach Nussbaum, J. (1990). The Particulate Nature of Matter in the Gaseous
Phase. *Children's Ideas in Science*, Kap. 7. Milton Keynes, Philadelphia: Open
University Press.

Frage: Welches Bild beschreibt deiner Meinung nach am besten, wie die Luft in der Flasche nach dem Erwärmen aussieht?

## Auswertung Klasse 6

Flasche A: kein Schüler
Flasche B: sieben Schüler
- Weil die Luft überall ist.
- Weil die Luft sich verteilt. Dann geht sie nach oben, aber trotzdem bleibt sie überall.
- Bei der Flasche B ist die Luft im ganzen Ballon und in der Flasche verteilt.
- Weil oben ein bisschen Luft hochgeht und noch was bleibt.
- Weil die Luftteilchen sich wegen der Wärme ausdehnen und nicht wie bei Kälte sich ausdehnen (zusammenziehen).
- Weil die Wärme sich in der Flasche ausdehnt.
- Weil die Luft beim Erwärmen raus möchte. Aber trotzdem ist noch Luft in der Flasche.

Flasche C: fünf Schüler
- C meine ich, weil die Luft nach oben in den Luftballon steigt.
- Die Luft steigt nach oben, und der Luftballon bläst sich auf.
- Weil die warme Luft nach oben steigt.
- Die Luft will heraus und drückt sich in den Luftballon. So wird der Luftballon aufgeblasen.
- Ich denke, wenn man die Luft erwärmt, dann steigt die Luft in den Ballon und unten ist keine mehr.

Flasche D: kein Schüler
Flasche E: kein Schüler

## Auswertung Klasse 4

Flasche A: kein Schüler

Flasche B: 14 Schüler

- Wenn man die Flasche erwärmt, will die Luft raus. Deshalb bläst der Luftballon sich auf und die restliche Luft verteilt sich in der Flasche.
- Wenn man die Flasche erwärmt, dann kommt warme Luft, und der Luftballon wird aufgeblasen.
- Das Wasser erwärmt sich und steigt als Wasserdampf auf.
- Sie verteilt sich in der Flasche.
- Es muss überall Luft sein.
- Die Luft ist überall, deswegen füllt sich der Luftballon auf.
- Die Luft ist überall.
- Die Luft verteilt sich in der ganzen Flasche.
- Weil die Luft in der Flasche verteilt wird.
- Weil die Luft in der ganzen Flasche ist und weil der Luftballon irgendwann aufhört sich aufzupusten.
- Ich habe B genommen, weil die Luft in der ganzen Flasche verteilt ist.
- Ich habe B genommen, weil am Anfang alles unten ist, und dann verteilt es sich in der ganzen Flasche.
- Weil die Luft sich in der Flasche verteilt, so dass sich der Luftballon aufbläst.
- Weil Luft überall ist.

Flasche C: acht Schüler

- Weil die Luft fast immer nach oben geht.
- Weil die warme Luft nach oben steigt.
- Bei der Nummer C dehnt sich die Luft in den Luftballon, und er bläst sich auf.
- Ich sage C, denn die Luft steigt nach oben und bläst dann den Luftballon auf.
- Die Luft steigt hoch in den Luftballon durch die Wärme und bläst ihn auf.
- Ich habe die Zeichnung C genommen, weil die warme Luft immer nach oben steigt.
- Wenn man die Flasche erwärmt, will die Luft nach draußen.
- Luft dehnt sich aus und geht in den Luftballon hoch.

Flasche D: ein Schüler
- Weil die Luft sich in Luftballon und Flasche verteilt.

Flasche E: kein Schüler

# Literatur

1. Ansari, S. (2004). *Enigma of Science Education.* Vortrag: International Conference on Chemical and Science Education (Istanbul).
2. Ansari, S. (2003). Kinderfragen. *ProSa*-Reihe, Heft 1. Leibnitz-Institut für die Pädagogik der Naturwissenschaften (IPN), Universität Kiel.
3. Ansari, S. (2000). *Sehen bei hellem Licht und dennoch im Dunklen verharren.* Vortrag anlässlich der XIII. Wagenschein-Tagung.
4. Ansari, S. (1975). Naturwissenschaftlicher Unterricht in der Orientierungsstufe. *OSO*-Hefte, Neue Folge (2), 64–71.
5. Ansari, S. (1997). Eine Orientierungshilfe zum genaueren Verstehen der Wirklichkeit. *OSO*-Hefte, Neue Folge (12), 121–123.
6. Baumert, J. (1988). *TIMSS. Mathematisch-naturwissenschaftlicher Unterricht im internationalen Vergleich – Anlage der Studie und ausgewählte Befunde.* Berlin: List.
7. Baumert, J. et al. (Hrsg.). *PISA 2000: Basiskompetenzen von Schülerinnen und Schülern im internationalen Vergleich.* Wiesbaden: Leske + Budrich.
8. Biggs, J.; Telfer, R. (1981). *The Process of Learning.* Sydney: Prentice Hall.
9. Bos, Lankes, Prenzel, Schwippert, Walther, Waxmann (2003). *Erste Ergebnisse aus IGLU. Schülerleistungen am Ende der vierten Jahrgangsstufe im internationalen Vergleich.*
10. Brown, A. L. (1975). The Development of Memory, Knowing About Knowing and Knowing How to Know. *Advances in Child Development and Behavior 10,* 103–152. New York: Academic Press.
11. Brown, A. L. (1992). Design Experiments: Theoretical and Methodological Challenges in Creating Complex Interventions in Classroom Settings. *The Journal of the Learning Science 2,* 2, 141–178.

12. Brown, A. L. (1994). The Advancement of Learning. *Educational Researcher 23*, 4–12.

13. Brown, J. S.; Collins, A.; Duguid, P. (1989). Situated Cognition and Culture of Learning. *Educational Researcher 18*, 1, 32–41.

14. Bruner, J. (1960). *The Process of Education*. Cambridge, MA: Harvard University Press.

15. Bruner, J. (1966). *Toward a Theory of Instruction*. Cambridge, MA: Harvard University Press.

16. Bruner, J. (1973). *Going Beyond the Information Given*. New York: Norton.

17. Bruner, J. (1983). *Child's Talk: Learning to Use Language*. New York: Norton.

18. Bruner, J. (1994). *Schools for Thought*. Cambridge, MA: MIT Press.

19. Büchner, P.; Koch, K. (2002). Von der Grundschule in die Sekundarstufe: Der Übergang aus Kinder- und Elternsicht. *Die Deutsche Schule 94*, 234–426.

20. Carey, S. (1985). *Conceptual Changes in Childhood*. Cambridge, MA: MIT Press.

21. Donaldson, M. (1991). *Wie Kinder denken*. München: Piper.

22. Driver, R.; Guesne, E.; Tiberghien, A. (Hrsg.) (1900). *Children's Ideas in Science*. Milton Keynes, Philadelphia: Open University Press.

23. Duckworth, E. (1996). *The Having of Wonderful Ideas and Other Essays On Teaching and Learning*, 2. Aufl. New York: Teachers College Press.

24. Edward, V.; Kellough, D. (1999). *Science for the Elementary and Middle School*. New Jersey: Prentice Hall.

25. Gelman, R. (1980). Cognitive Development. *Annual Review of Psychology 29*, 297–332.

26. Goswami, U.; Brown, A. L. (1989). Melting Chocolate and Melting Snowmen: Analogical Reasoning and Causal Relations. *Cognition 35*, 69–95.

27. Harlen, W. (1992). *The Teaching of Science in Primary Schools*. Oxford: David Fulton.

28. Inhalder, B.; Piaget, J. (1969). *The Growth of Logical Thinking from Childhood to Adolescence*. New York: Norton.

29. Johnson, D. W.; Johnson, R. T. (1989). *Cooperation and Nompetition: Theory and Research*. Edina, MN: Interaction Book Company.

30. Karmiloff-Smith, A.; Inhelder, B. (1974/5). If You Want to Get Ahead, Get a Theory. *Cognition 3*, 195–212.

31. Lave, J.; Wenger, E. (1991). *Situated Learning*. New York: Cambridge.

32. Lowery, L. F. (1978). *The Everyday Science Sourcebook*. Boston: Allyn & Bacon.

33. Meltzoff, A. N. (2007). „Like me": A Foundation for Social Cognition. *Developmental Science 10*, 1, 126–134.

34. Moll, H.; Tomasello, M. (2007). Cooperation and Human Cognition: The Vygotskian Intelligence Hypothesis. *Phil. Trans. R. Soc. B 362*, 639–468.

35. Nuffield Foundation (1966). *Chemistry: The Sample Scheme*. London: Longman Group Ltd.

36. Nussbaum, J. (1990). The Particulate Nature of Matter in the Gaseous Phase. *Children's Ideas in Science*, Kap. 7. Milton Keynes, Philadelphia: Open University Press.

37. Rogoff, B. et al. (2003). First Hand Learning Through Participation. *Annu. Rev. Psychol. 54*, 175–203.

38. Satis 8-14. (1992). Association for Science Education, Collage Lane, Hatfield.

39. Siegler. R. S. (1988). *Children's Thinking*. New Jersey: Prentice Hall.

40. Spitzer, M. (2002). *Lernen. Gehirnforschung und die Schule des Lebens*. Heidelberg/Berlin: Spektrum Akademischer Verlag.

41. Stern, E. (2003). Lernen – der wichtigste Hebel der geistigen Entwicklung. *Universitas 58*.

42. Vosniadou, S. (1994). Capturing and Modeling the Process of Conceptual Change. *Learning and Instruction 4*, 45–69.

43. Vygotsky, L. S. (1978). *Mind in Society; the Development of Higher Mental Process*. Cambridge, MA: Harvard University Press.

44. Wagenschein, M. (1964). Das exemplarische Lehren als ein Weg zur Erneuerung des Unterrichts. *Schriften zur Schulreform 11*, Hamburg.

45. Wagenschein, M. (1970). *Ursprüngliches Verstehen und exaktes Denken*. 2 Bde. Stuttgart: Klett.

46. Wagenschein, M. (1995). *Naturphänomene Sehen und Verstehen* (hrsg. von Berg, H. C.). Stuttgart: Wissen und Bildung.

47. Zubrowski, B. (1993). *Mobiles. Boston Children's Museum Activity Book*. New York: Morrow Junior Books.